NOTES AGRICOLES.

27870

C.

NOTES AGRICOLES

EXTRAITES

DES DIVERS JOURNAUX D'AGRICULTURE ANGLAIS,

PAR

M. LE COMTE CONRAD DE GOURCY.

———◆———

PARIS,

IMPRIMERIE ET LIBRAIRIE D'AGRICULTURE ET D'HORTICULTURE

DE Mᵐᵉ Vᵉ BOUCHARD-HUZARD,

RUE DE L'ÉPERON, 5.

—

1853

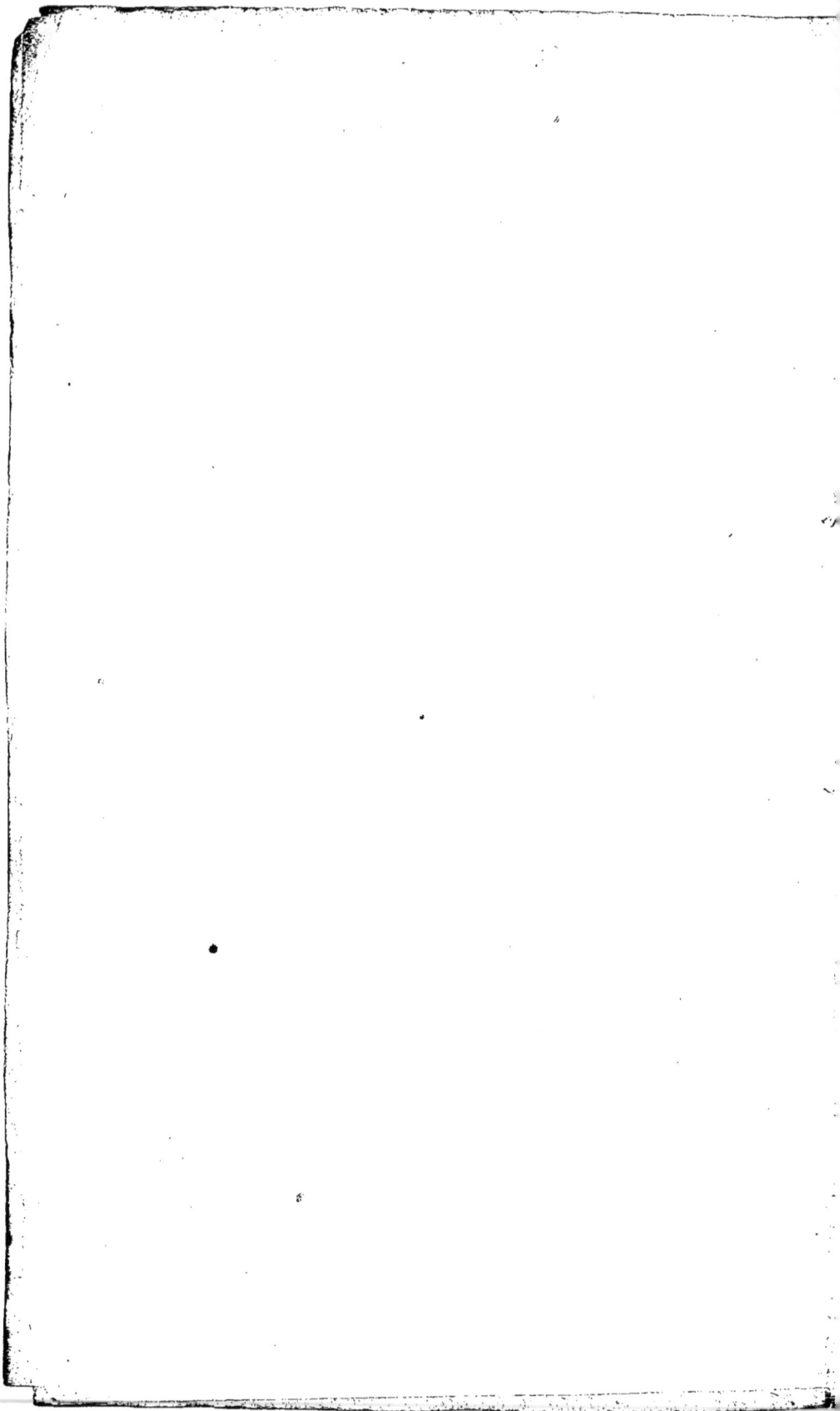

NOTES AGRICOLES.

Races ovine et bovine. — M. Ladrée, voisin de M. Bizy, et qui possède près de 1,200 bêtes à laine, a acheté, à Alfort, deux béliers métis, qu'il destine à rendre plus fine sa laine dishley, quoiqu'il ait remarqué que ce fût au détriment de la carcasse ; il se propose de renouveler l'expérience qu'il en a faite, il y a quatre ans, avec des dishleys mérinos. Les 200 brebis qu'il possède proviennent de croisements qui datent de plus de vingt ans : une partie des mères étaient des métisses à tête dégarnie des environs de Chartres ; mais le plus grand nombre des brebis sont du Crevant. Il obtient avec celles-ci, à la seconde génération, des bêtes très-belles et bien faites, et vend annuellement une centaine de béliers âgés de six mois, à 100 fr. l'un, plus 2 fr. de gratification au berger.

Il est enchanté des croisements durhams, mais croit qu'il faut s'en tenir au premier croisement pour pouvoir élever au pâturage avec avantage, la chaleur ne convenant pas aux peaux fines des durhams. Les cultivateurs qui l'avoisinent veulent, presque tous, des taureaux de cette race et des béliers dishleys. Son gendre, qui cultive une ferme de M. Benoît d'Azy, ayant près de 700 hectares, a acquis un bélier de race southdown pour faire des croisements. Un bélier qu'il a acheté 2,200 fr. de lord Spencer, à Pedigrée, lui a donné de très-beaux résultats, tandis qu'un autre, qui était aussi beau, mais sans titres, et qu'il lui a payé 800 fr., en a donné de si mauvais, qu'on a été obligé de le faire châtrer.

1

—Drainage. — Claie pour sécher les tuyaux. — M. Castellier a imaginé une espèce de petite claie pour mettre
sécher les tuyaux de drainage. Elle se compose de deux
montants épais de 3 centimètres et un peu plus hauts que
l'épaisseur des tuyaux qu'elle doit contenir; ces montants
sont cloués sur trois traverses, dont deux, larges de 5 centimètres, sont aux deux bords de la claie, et la troisième,
un peu plus étroite, au milieu. Cette claie, toute en sapin
et de grandeur à contenir neuf tuyaux, coûte, à Paris,
30 centimes. Après avoir empli cette petite claie de tuyaux,
au sortir de la machine, on l'emporte dans l'endroit où on
veut faire sécher les tuyaux à l'air et on l'y pose par terre, où
on en met ensuite une seconde dessus, et ainsi de suite jusqu'à dix ou douze; on couvre cette pile au moyen d'une petite toiture formée par deux planches clouées en forme de
V renversé, Λ; on dresse successivement les autres piles à
côté et on les couvre de même.

M. Castellier se sert, pour la fabrication de ses tuyaux, de
terre plastique bleue, qui est trop grasse pour pouvoir être
employée sans l'addition d'une certaine quantité de sable
fin et gras. Il fait couper les mottes de terre plastique en
tranches minces au moyen d'un coupe-racine horizontal; on
les met ensuite dans des tonneaux avec de l'eau, puis on les
mélange avec du sable. On s'assure de la proportion convenable de sable à l'aide de petits morceaux qui doivent obtenir,
par la cuisson, la dureté de la bonne tuile.

— *Machines à battre.* — Les machines à battre mues par
la vapeur de Clayton, Schuttleworth et comp., à Lincoln, se
vendent aux prix suivants :

La machine à vapeur de la force de 5 chevaux vaut **174** liv.
sterling, et la machine à battre 35 livres; le moteur de la
force de 7 chevaux, **217** liv., et la machine à battre **40** liv. ;
le moteur de la force de 9 chevaux, **248** liv., et la machine à
battre le même prix que la précédente. La plus forte bat, dans
l'espace de neuf heures, la quantité de **75** quarters de **280** litres ou **210** hectolitres; elle consomme de 8 à **900** livres de

charbon. La seconde bat 55 quarters ou 154 hectolitres avec
600 à 700 livres de charbon. Enfin la plus petite bat 34 quarters ou 98 hectolitres, et consomme de 5 à 600 livres de charbon. Un journalier intelligent peut apprendre à diriger l'une
de ces machines en peu de jours.

— *Castration des vaches.* — M. Demestre , vétérinaire à
Messine, route de Lille à Ypres, a castré, depuis quelques années, une trentaine de vaches taurellières, auxquelles cette
opération a rendu la tranquillité et, par suite, le lait. M. de
Valcourt m'a dit que, s'il faisait castrer des vaches, il leur ferait faire l'opération par des châtreurs de cochons, qui ont
l'habitude de châtrer les jeunes truies ; mais il aurait soin,
auparavant, de mener l'homme qu'il choisirait dans un abattoir, pour lui faire examiner l'intérieur des vaches qu'on y
tue, afin qu'il s'assurât parfaitement de l'endroit où il doit
faire l'incision.

— *Topinambours.*— M. Gankler, maître de poste à Wis-
sembourg et fort bon cultivateur, m'a dit obtenir, par hectare de fort bonnes terres, la première année , sans fumure ,
72,000 kilogrammes de Topinambours ; la seconde année,
54,000 kilogrammes ; la troisième année , avec fumure ,
60,000 kilogrammes ; et la quatrième, 54,000 kilogrammes.
Il les arrache ensuite, et sème le terrain en fourrages mêlés ;
la fauchaison de ces derniers détruit les Topinambours res-
tés dans le sol.

— *Ajoncs.* — Un bon cultivateur anglais sème 25 kilogrammes de semence d'Ajonc par hectare ; car il y en a une
grande quantité qui ne lève pas avant plusieurs années et
une partie qui ne lève pas du tout. Il sème, en lignes distantes de 20 centimètres, dans une terre parfaitement émiettée ;
car l'Ajonc demande une terre saine et préfère les gros sables
profonds ou à sous-sol pierreux. L'époque de l'ensemencement est depuis le courant d'avril jusqu'à la fin de juin. Les
limaces détruisent quelquefois cette plante quand elle a ses
deux premières feuilles. Lorsque le cultivateur s'aperçoit de
leur présence, il sème du salpêtre commun, à raison de

180 kilogrammes par hectare, ce qui chasse ces insectes. Il compte sur un produit de 20 à 25 tonnes par hectare, ce qui suffit pour nourrir cinq chevaux ou vaches pendant la moitié de l'année. Le lait des vaches est aussi bon et butyreux avec cette nourriture qu'avec de la Luzerne ou du Trèfle.

— *Désinfection des urines*. — D'après des expériences faites, en Angleterre, par plusieurs personnes, et entre autres le professeur Way, chimiste de la Société royale d'agriculture, lorsqu'on filtre l'urine, les liquides d'égout ou tout autre liquide contenant des parties fertilisantes à travers une épaisseur de 66 centimètres de terre pulvérisée, prise de préférence d'une nature argileuse, mais mélangée de sable, ces liquides laissent dans la terre non-seulement leur mauvaise odeur, mais encore leurs parties fertilisantes, et surtout l'ammoniaque.

— *Haies vives*. — L'Orange des Osages est une plante qui en quatre ans forme des haies défensables, et même dès l'année de sa semaille. Cette plante pousse des jets de 4 pieds de long dans une saison. La graine vient du Texas; dans ce pays le millier de jeunes plants d'un an se vend 5 dollars.

— *Effets du plâtre*. — M***, après avoir plâtré un Froment sans succès, sema, l'année suivante, des Vesces dans le même terrain. Ces Vesces furent très-supérieures à celles du même champ qui avaient été plâtrées l'année même de leur semence. Depuis dix ans, le même résultat s'est produit aussi bien pour la Vesce que pour le Trèfle incarnat et les autres fourrages artificiels.

— *Choux*. — M. Malingié dit qu'un homme et quatre garçons à qui un charretier amène un tonneau d'eau peuvent arroser, dans un jour, 2 hectares de Choux repiqués à 50 centimètres l'un de l'autre, en lignes distantes de 1 mèt. Le tout revient à 10 francs. M. Malingié conseille d'arracher les plants de Choux quelques jours avant le repiquage et de les mettre en jauge, en ayant soin de les arroser, afin qu'ils puissent pousser de nouvelles racines qui ne soient pas privées de leurs extrémités, où se trouvent les suçoirs; car ceux-ci ont été séparés des anciennes racines par l'arrachage. Il trempe le plant dans une bouillie fertilisante composée de terre, d'eau et de bouse de vache; je pense qu'il faudrait y ajouter du noir animal, des tourteaux pulvérisés, de la suie, des cendres, etc.

— *Charrue.* — M. Thackeray a fait venir d'Angleterre une des meilleures charrues de ce pays, à laquelle il a ajouté aussi un butteur houe à cheval; il l'a fait fabriquer à Paris et la livre aux agriculteurs qui veulent en faire l'acquisition.

— *Drainage.* — M. Colman cite dans son ouvrage sur l'agriculture anglaise une ferme des environs d'Aberdeen dont le produit brut de 5 hectares, pendant cinq années, a été de 3,396 fr. Après avoir été drainée, cette ferme donna un produit de 7,742 fr. pendant le même espace de temps. En défalquant de cette somme la dépense du drainage, s'élevant à 2,404 fr., plus le montant du produit pendant les cinq années précédentes, 3,396 fr., ensemble 5,800 fr., on aura 1,932 fr. pour la plus-value des 5 hectares de terre après le drainage. Il est à remarquer que la durée de ce travail est illimitée, et que, d'autre part, les frais de culture sont considérablement diminués. L'opération du drainage aura donc plus que doublé le produit.

— *Coprolites.* — M. Deck, chimiste, fabricant de super-phosphate de coprolites, à King's-Parade, prétend que les coprolites se trouvent toujours dans les terrains où le sable vert apparaît à la surface du sol. On en aperçoit fréquemment dans les environs de Cambridge. Dans la paroisse de Barnwell, où il y a un dépôt considérable de coprolites, des fabricants de cet engrais ont payé 70 livres sterling pour avoir le droit de fouiller un champ de l'étendue de 80 ares où ils en ont rencontré. Dans la paroisse de Vimpole, il y a des champs qui en sont couverts. M. Deck a une grande quantité d'échantillons de coprolites provenant des environs ainsi que de ceux provenant du lias de Lyme, des craies de Farham, *the schale of Newhaven, and cray of Suffolk*, et il en offre l'examen aux personnes que cela peut intéresser. Pour préparer l'engrais, on lave les coprolites dans des machines tournantes, comme on le fait pour les Pommes de terre ou pour les Betteraves dans les sucreries ; on les écrase ensuite au moyen de meules de granit, qui roulent verticalement comme des meules à huilerie ; lorsqu'on les a bien pulvérisés, ce qui est difficile à cause de leur grande dureté, on y ajoute un poids égal d'acide sulfurique de bonne qualité. M. Lawes en fabrique ainsi une énorme quantité qu'il fait venir de Walton en Suffolk, où l'on en a extrait des milliers de tonnes dans un champ d'une étendue de 160 ares. Voici une analyse qu'on peut regarder comme la moyenne des diverses analyses faites sur des coprolites de différentes provenances :

Phosphates terreux.	61
Carbonates de chaux et de fer. . . .	24
Matières insolubles.	12
Eau.	3
	100

Dans une analyse faite par M. Lawes il s'est trouvé 68 parties de phosphate, et dans une faite par M. Potter 58. Ces coprolites diffèrent du guano du Pérou ; voici une analyse de ce dernier :

Urate et sels ammoniacaux.	34,03
Divers phosphates.	37,04
Carbonate de chaux.	1,65
Soude et potasse.	8,92
Silex.	4,28
Eau et matières organiques diverses. . .	14,08
	100,00

Ils diffèrent également d'autres substances dont voici la composition : les os humains récents contiennent 81,09 de phosphate et 10,03 de carbonate de chaux. Des ossements humains pris dans un tombeau romain contiennent 76,38 de phosphate et 18,00 de carbonate de chaux ; les ossements fossiles, 60,02 de phosphate et 3,85 de carbonate de chaux ; les ossements récents de bœuf, 57,35 de phosphate et 4,00 de carbonate de chaux ; les ossements de mouton, **80,00** de phosphate et **19,05** de carbonate de chaux. Les coprolites se vendent en poudre, à Londres, de 35 à 40 schellings la tonne.

— *Sulfate de fer comme engrais.* — Il résulte de diverses expériences faites par MM. Eusèbe et Arthus Gris que le sulfate de fer ou vitriol vert pulvérisé et répandu sur la terre au moment où l'on attend de la pluie, ou bien encore dissous dans l'eau et employé en arrosement, a singulièrement fait prospérer les plantes auxquelles il a été donné ; **2** hectares de terre ayant été semés en Blé avec les mêmes préparations, on sema sur l'un d'eux seulement de 8 à 9 kilos de sulfate de fer en poudre ; le produit de cet hectare fut supérieur de plus d'un tiers à celui de l'autre qui n'avait point reçu ce sel.

— *Urine de vache.* — D'après Sprengell, une vache produit par an **15,000** litres d'urine ; en mélangeant cette urine avec de l'eau, elle contiendra, au bout de quelque temps, plus de trois fois autant d'ammoniaque que si on l'avait laissée pure.

— *Féveroles d'hiver.* — M. Pusey dit que, depuis quelques années, on sème beaucoup de fèves d'hiver. De bons cultivateurs sèment deux lignes de fèves assez rapprochées l'une de l'autre ; puis ils laissent un espace vide de **1** mètre avant de semer deux nouvelles lignes. Au printemps, on sème dans cet intervalle une ligne de Betteraves qui ne profitent pas beaucoup tant que les fèves ne sont pas enlevées ; mais le fort sarclage qu'on leur donne après la récolte des fèves les fait ensuite profiter de manière à ce que la récolte de racines qu'on obtient est presque aussi belle que s'il n'y avait pas eu une double récolte.

— *Chiendent.* — Dans les terres où le Chiendent est naturellement fort commun, on est maintenant dans l'usage de faire passer de suite, après la moisson des céréales, des femmes armées de fourches avec lesquelles elles arrachent les racines de Chiendent partout où elles en voient. Pour 3 ou 4 fr. par hectare, on peut en débarrasser le terrain.

— *Nourriture des bêtes à laine.* — M. Pusey dit que, si au Seigle comme fourrage on fait succéder l'Orge d'hiver et ensuite des Vesces d'hiver, on assurera beaucoup de lait aux brebis nourrices, ce qui sera favorable aux agneaux ; on peut sevrer ensuite ces derniers avec la plus grande facilité en leur faisant pâturer des Vesces d'hiver.

— *Racines.* — Dans le nord de l'Angleterre, on récolte avec plus de facilité 100 tonnes de Turneps que 50 dans le midi du même pays ; pour avoir de bonnes récoltes dans ces dernières contrées, il faudrait donc remplacer les Turneps par les Betteraves, surtout dans les terres fortes ou au moins consistantes. En fumant convenablement, on obtiendra, par hectare, 75,000 kilogr. de Betteraves. Le globe jaune vient bien même dans les terres légères.

Depuis cinq ans que M. Pusey sème, d'après les conseils de bons cultivateurs, de 4 à 5 kilogr. de graine par hectare, il n'a jamais été obligé, comme cela est arrivé à plusieurs de ses voisins, de semer une seconde fois les crucifères, et il a toujours obtenu de bonnes récoltes ; il a soin de les fumer avec du superphosphate et du guano, qu'il fait répandre à l'aide de son semoir, qui a 2 mètres de largeur et sème quatre raies à la fois en même temps que les engrais pulvérulents qui se trouvent séparés de la semence par un peu de terre. Il sème 4 hectares par jour, en ayant soin de ne le faire qu'après la pluie.

Lorsqu'on sème en lignes 4 à 5 kilogr. de semence de Navets ou Rutabagas par hectare, il faut d'abord les faire herser en travers. A l'époque du sarclage, on se sert d'une houe légère et assez large pour fermer d'un seul coup l'intervalle qui existe entre deux rangs de jeunes Navets ; ceux-ci doivent être éclaircis à la main par de jeunes enfants qu'on paye à raison de 30 ou 40 centimes, et qui, étant conduits par un bon ouvrier, font très-bien cette opération. On emploie ensuite la houe à cheval de Garrett, instrument qui sert aussi bien au sarclage des Navets que des grains semés en lignes à de plus grands ou de moindres intervalles. **Cet instrument** devrait être dans toutes les fermes.

— *Racines coupées.* — Comme l'usage du coupe-racine n'est pas encore universel, M. Pusey a voulu s'assurer du véritable avantage qu'on retire en donnant aux animaux des racines coupées ; il s'est donc entendu avec un bon fermier. Ils ont partagé, chacun, leurs agneaux en deux lots, dont l'un fut nourri de racines entières, et l'autre de racines coupées ; à la sortie de l'hiver, ce dernier s'est vendu 40 schellings par tête, tandis que le premier n'a été vendu que 32 schellings : en défalquant le prix de la main-d'œuvre, qui peut être évalué à 1 schelling par tête, il resterait 7 schellings de bénéfice par agneau pour leur avoir donné des racines coupées.

— *Croisements.* — Voici un moyen à l'usage des cultivateurs habitant des pays où se trouvent des bruyères et autres mauvais pâturages pour tirer un bon parti de leurs animaux. Après avoir croisé les vaches et brebis habituées à cette chétive existence avec des taureaux durhams et des béliers dishleys ou southdowns, on laisse les mères dans leurs mauvais pâturages jusqu'à un mois avant le part, époque à laquelle il faut les bien nourrir, afin qu'elles aient du lait pour élever convenablement leur progéniture. Une fois que les veaux ou les agneaux sont sevrés, les mères retournent à leurs pâturages ordinaires ; mais on a soin de bien nourrir les jeunes bêtes de manière à pouvoir les vendre grasses, les bêtes à laine à l'âge de deux ans et les bêtes bovines à celui de trois ans.

— *Agneaux.* — On nourrit chez M. Pusey les agneaux pendant l'hiver qui suit leur naissance, laquelle a lieu en avril, avec de la paille d'Orge coupée et mêlée avec des tourteaux de Colza et des Navets aussi coupés; ces bêtes sont vendues au boucher le printemps suivant.

— *Capital.* — M. Pusey pense qu'il y a, généralement, de l'exagération dans cette opinion qu'un fermier a besoin, pour bien cultiver, d'un capital d'au moins 650 fr. par hectare ; car chez lui, où l'on cultive de manière à ne rien négliger pour obtenir de riches récoltes, il n'y a cependant d'employé qu'un capital de 400 fr. par hectare.

— *Carottes et Kohlrabys.* — M. Pusey recommande la culture de la Carotte : elle produit chez lui jusqu'à 75,000 kil. à l'hectare. Il ne lui trouve que le défaut de devoir être arrachée à la fourche ou à la bêche ; mais je pense qu'on l'arracherait, aussi bien que les Betteraves, avec la charrue de l'invention de M. Decrombecq. Quant aux Kohlrabys, il assure que les verts surtout sont très-productifs et que les moutons les préfèrent aux Rutabagas, car ils sont sucrés. Cette plante a encore le mérite de n'être pas sujette à la *mildw* (je pense que c'est la miellée dont les Rutabagas sont fréquemment attaqués) ; les feuilles se couvrent alors d'une espèce de poussière blanche et ne grossissent plus.

— *Engrais pour le Froment.* — L'agriculture est redevable à M. Lawes de nombreuses expériences chimiques qu'il conduit, depuis bien des années, avec une exactitude et une persévérance dignes d'éloges. M. Lawes a cultivé, pendant sept ans de suite, du Froment dans le même champ. Une portion qui n'a reçu aucun engrais a produit, à une très-petite différence près, 15 hectolitres par hectare pendant les sept années. D'autres portions ont reçu divers engrais ; ceux qui ne contenaient point d'ammoniaque n'ont pas sensiblement augmenté le produit du Froment. Il ressort des divers essais qu'il a entrepris qu'il faut de 2 kilogr. à 2 kilogr. 1/2 d'ammoniaque pour augmenter le produit susdit de 18 kilogr. de Froment. Pour peu que le terrain contienne une certaine dose d'alumine, il faut semer de 312 à 375 kilogr. de guano bien pulvérisé, au moment de la semaille du Froment. Le bonguano du Pérou doit contenir 16 p. 100 d'ammoniaque ; chaque kilogr. reviendra ainsi à 60 centimes. Au prix actuel et très-bas du Froment, le guano peut encore être employé avec bénéfice ; car il est bon d'observer que la dose de guano fixée ci-dessus doublera au moins le produit du Froment : ainsi, au lieu de 15 hectolitres, on aura 30 hectolitres au moins. Ces 15 hectolitres de surplus, auxquels il faut ajouter une plus grande quantité de paille, n'auront coûté, de plus que les 15 premiers hectolitres, aucune augmentation de loyer, de semence, ou autres frais de culture, si ce n'est la rentrée du double de gerbes et leur battage; ils n'auront demandé que l'avance du prix des 312 kilogr. de guano, environ 100 fr. D'autre part, ces 15 hectolitres de Froment, au prix très-réduit de 12 fr. l'hectolitre, donneront 180 fr., sans compter la valeur de la paille, qui sera à peu près doublée.

— *Guano.* — D'après MM. Nesbit et Way, qui ont analysé une grande quantité d'échantillons de guano péruvien, ils doivent contenir, s'ils ne sont ni avariés ni frelatés, de 14 à 17 p. 100 d'ammoniaque et de 18 à 20 p. 100 de phosphate de chaux; l'ammoniaque vaut, d'après eux, 1,20 le kilogr. et le phosphate 15 c., et même un peu plus, mais à ce prix c'est assurément une bonne affaire. Les guanos provenant de latitudes où il pleut contiennent fort peu d'ammoniaque, et en revanche beaucoup de phosphate; celui de la baie de Saldanha ne contient que 1 et 1/2 à 2 p. 100 du premier, et de 50 à 60 du dernier. Les guanos provenant de pays où il ne pleut pas peuvent être altérés par l'eau de mer, qui s'y trouve portée par le vent, ou bien par des infiltrations à bord des bâtiments; ils ne doivent pas contenir plus de 1 et 1/2 à 2 et 1/2 p. 100 de sable.

— *Engrais pulvérulents frelatés.* — Il existe maintenant dans le commerce une énorme quantité de denrées ou marchandises qui ont été altérées par un mélange plus ou moins grand d'alliages, au moins inutiles et souvent nuisibles. Les engrais pulvérulents, et surtout le guano et le superphosphate de chaux, sont souvent exposés à cette fraude; la raison principale qui amène les marchands à commettre ce manque de bonne foi est l'habitude qu'on a, en général, de vouloir acheter à des prix réduits et, pour cela, de marchander. Il en résulte que, pour vendre beaucoup, il faut qu'ils donnent à un prix inférieur aux marchands intègres; ils ajoutent donc des ingrédients au moins inutiles pour arriver à leur but, et comme en général il n'y a que le premier pas qui coûte, une fois entrés dans cette voie, ils s'y enfoncent petit à petit d'une manière incroyable. On vend maintenant, en Angleterre, des prétendus guanos, composés de la manière suivante :

Plâtre.	74 pour 100.
Phosphate de chaux.	14 1/2
Ammoniaque..	1/2
Sable et eau.	11
	100

Ou bien , sable.	49
Phosphate de chaux..	10
Chaux..	23
Plâtre.	5
Eau.	13
	100

On vend des guanos falsifiés ayant une odeur très-forte; ce résultat est obtenu en ajoutant à un mélange du genre précédent un peu de véritable guano, qui a été avarié à bord du bâtiment, où il a été mouillé, ce qui le fait fermenter et lui donne cette forte odeur. Pour lui donner une apparence de bon guano, on en place de véritable dans un tamis, et on prend une partie des mottes blanches qui s'y trouvent et qui contiennent souvent des plumes d'oiseau ; on les mêle avec le guano factice, auquel on a déjà communiqué une odeur prononcée, et l'on attrape ainsi souvent les plus fins. La véritable manière d'éviter d'être trompé, c'est de prendre le guano dans une maison recommandable (maison Gibbs à Londres), ou bien, si on est forcé d'en acheter ailleurs et que l'acquisition en vaille la peine, il faut absolument le faire analyser, ce qui peut coûter 25 fr., et avoir soin que le chimiste qui sera chargé de cette opération soit un homme d'honneur ; car il peut arriver qu'on vous donne une analyse qu'on n'a eu que la peine d'écrire. M. Nesbit indique un moyen de reconnaître le véritable guano de celui qui est fortement frelaté, car celui-ci est plus lourd. Si donc on a eu un échantillon de véritable guano, on en pèse une certaine quantité, ainsi que de celui qu'on a l'intention d'acheter, puis on en remplit deux vases étroits et longs en hauteur; si le dernier est frelaté, il ne s'élèvera pas aussi haut dans le vase que l'autre, car les matières ajoutées au guano sont plus pesantes que lui, et alors le même poids ne doit pas remplir le même espace. On fait aussi réduire en poussière des coquilles d'huîtres, pour les mêler avec le superphosphate de chaux, ce qui l'altère infiniment.

— *Analyse d'os crus et brûlés*. — Les os frais contiennent, d'après les analyses du même savant,

Eau et graisse.	19 pour 100.
Gélatine.	27
Chaux et magnésie. . .	28
Acide phosphorique. . .	26
	100

Les os brûlés, ayant perdu l'eau, la graisse et la gélatine, contiennent

Acide phosphorique. . .	43 pour 100.
Chaux et magnésie.. . .	46
Carbonate de chaux. . .	8
Soude et sel commun. . .	3
	100

— *Petits enclos*. — Dans le club des fermiers de la ville de Reading, il a été reconnu, à la majorité, que les enclos qui ne sont pas d'une étendue d'au moins 4 hectares, et dont les clôtures sont formées d'arbres en futaie ou têtards et de haies aménagées en taillis, faisaient perdre au fermier 562 fr. par hectare dans le cours des quatre années de l'assolement. Sur la récolte des Turneps on perd moitié du produit, c'est-à-dire qu'on n'a que 25,000 kilogr. au lieu de 50,000. Les 1,000 kilogr. valant, dans le pays, en moyenne, 15 fr., cela forme une perte de 375 fr. par hectare. La récolte d'Orge sera diminuée d'au moins 7 hectolitres, qui, au prix de 8 fr. 93 c., forment une perte de 62 fr. 50 c. En admettant que le

Trèfle ou les fourrages mélangés ne souffrent pas de la présence des haies, il restera encore une diminution d'au moins 7 hectolitres de Froment, qui, au prix de 17 fr. 85 c. l'hect., font 125 fr. La perte totale est donc de 562 fr. Le club pense qu'il serait préférable de détruire complétement les haies; mais cependant, dans le cas où on trouverait quelque inconvénient dans leur suppression, il faudrait arracher celles qui sont établies comme on vient de le dire, et les remplacer, en les redressant, par des haies d'Aubépine taillées de manière qu'elles soient larges au pied et minces en haut, ce qui les empêche de se dégarnir du bas.

— *Bail perfectionné.* — Un fermier faisant partie de ce club a proposé les clauses suivantes, pour décider les propriétaires et les fermiers à conclure des baux dans les circonstances fâcheuses du moment.

La durée du bail sera de vingt et une années partagées en trois séries de sept années chacune. Le prix de la première partie devra être fixé d'après la moyenne du prix du Froment pendant les sept années précédentes. A l'expiration de la première partie du bail, si le propriétaire et le fermier se conviennent, on évaluera de nouveau le fermage des sept années à courir d'après la mercuriale des sept années venant de s'écouler, et l'on ajoutera sept années de plus au bail. Si, au contraire, ils ne se conviennent pas, l'évaluation de la mercuriale étant faite, le fermier, sachant qu'il n'a plus que quatorze ans à jouir, arrêtera le cours de ses améliorations quand il le jugera à propos, afin d'avoir le temps de rentrer dans ses avances, en y ajoutant un bénéfice raisonnable; mais il ne lui sera pas permis de diminuer la fertilité de la terre en l'épuisant par un assolement mal choisi ou en ne fumant pas suffisamment pendant les quatre dernières années. S'il y avait désaccord à ce sujet, des arbitres résoudraient la difficulté.

— *Sels provenant de salaisons.* —Dans une discussion sur le mérite du sel en agriculture, le professeur Way, chimiste de la Société royale d'agriculture d'Angleterre, a dit que son emploi dans les terres très-calcaires produisait un fort bon effet, et qu'il en était de même lorsqu'on mélangeait moitié de sel et moitié de chaux pour s'en servir sur des terrains non calcaires.

M. Fisher Hobbs emploie, depuis quatre ans, des quantités considérables de sels ayant servi à la salaison de viandes ou de poissons; il en a fait venir de Londres des cargaisons de 40,000 à 50,000 kilogr., qu'il partage avec des voisins, qui, d'après son exemple, ont apprécié cet amendement. Ce sel contient environ 10 pour 100 de matières huileuses ou savonneuses très-fertilisantes. M. Hobbs en emploie 125 kilogr. par hectare avant le dernier labour, et autant avant l'ensemencement du Froment; il a trouvé que cet amendement, d'abord fertilisant, donne surtout de la force à la paille, ce qui empêche le grain de verser. En mêlant une quantité égale de guano au sel de saumure, il a obtenu le même résultat que s'il avait appliqué une bonne fumure pour Froment. Il a éprouvé également de fort bons effets de l'emploi de ce sel mélangé aux fumiers, et de son application aux racines et principalement aux Betteraves. Cependant, une fois, en son absence, son régisseur en ayant fait mettre 625 kilogr. par hectare pour des Rutabagas, la récolte a été entièrement détruite. Quant aux animaux, il leur en a donné de tout temps, aussi bien aux chevaux qu'aux bêtes à cornes, à laine, et aux cochons. Les trois premières espèces ont toujours à leur portée du sel de roche, qu'ils peuvent lécher quand cela leur convient; les cochons le reçoivent avec leur nourriture cuite. Il a, une année, laissé 100 bêtes à laine sans sel à côté de 100 autres qui en avaient à leur disposition; il a vendu les premières 4 à 5 pour 100 de moins que les secondes. Sa propriété est cependant fort peu éloignée de la mer. Il a été remarqué que la rouille n'arrivait jamais à faire du mal aux champs de Froment exposés au voisinage de l'Océan.

— *Cultures de M. Witham* (Essex). — Il fait consommer la plus grande partie de ses pailles en y ajoutant des racines, des tourteaux et des farines. Il regarde les Vesces comme très-épuisantes, si on leur fait succéder le Froment; car il dit qu'on n'obtiendrait, après des Vesces, que 18 hectolitres de Froment au lieu de 36 que l'on obtiendrait par hectare, si le Blé n'y avait pas été précédé par cette plante. Il fume ses Betteraves globes jaunes à raison de 37,500 kilogrammes, en y ajoutant 500 kilogr. de tourteaux et 250 kilogr. de guano ; il obtient ainsi jusqu'à 90 tonnes de cette racine, qu'il vend, chez lui, jusqu'à 18 fr. 50 c. par tonne, à des gens qui les envoient à Londres. Ses brebis sont parquées sur des Navets ; ses antenois sont, au nombre de 300, dans des cours garnies de litière, où se trouvent des hangars pour les tenir à l'abri de la pluie. On leur donne des racines et de la paille coupées, et on y ajoute 100 kilogr. de tourteaux par jour. On les vend au printemps, avec une augmentation de valeur brute de 18 à 20 schellings par tête pour la nourriture consommée pendant trente semaines. M. Huttley engraisse une énorme quantité de cochons, qu'il achète environ 18 schellings et revend, cinq semaines après, pour Londres ; il leur donne pour nourriture des farines diverses ou du Maïs bouilli. La différence du prix d'achat de celui de vente se monte, dans l'année, à au moins 30,000 et arrive jusqu'à 50,000 francs. Une bonne partie de cette somme est employée à l'achat des grains qui servent à cet engraissement, et laisse pour bénéfice au moins l'engrais, qui lui permet de fumer fortement ses récoltes. Il n'engraisse que très-peu de bœufs, n'y trouvant pas assez de profit.

— *Cultures de M. Méchy.* — Les récoltes sur les terres de M. Méchy étaient aussi belles qu'on puisse les voir en avril, dit le rédacteur du journal *le Times*, qui a décrit cette exploitation de même que la précédente, et dont j'extrais seulement quelques notes. La ferme qu'il cultive, et dont il est propriétaire, se compose de 68 hect., consistant principalement en terres très-fortes et qui étaient extrêmement humides avant qu'il les eût parfaitement drainées; elle touche aux bruyères de Triptrée, dont le sol est très-ingrat. La moitié des terres produit annuellement du Froment, qui est semé en lignes et reçoit deux sarclages à la herse à cheval. On sème aussi en lignes les Fèves, Pois, Vesces et racines, et on les sarcle avec la houe à cheval. Il s'y trouve encore du Trèfle et du Raygrass d'Italie pour fourrage. Son bétail se compose habituellement de cent cinquante moutons, deux cents cochons de tous âges, vingt-quatre bêtes à cornes, en outre d'un certain nombre de vaches à lait. Toutes ces bêtes sont engraissées et consomment journellement dix sacs de farines diverses, sans compter les racines. On achète, chaque année, de 2,000 à 2,800 hectol. de grains pour leur consommation. Tous ces animaux sont placés sur des planches à claire-voie et ne reçoivent point de litière; car on leur fait consommer la paille après qu'on l'a hachée. Ce manque de litière ne les empêche pas d'être propres et de paraître satisfaits. M. Méchy trouve, d'après sa comptabilité, que les cochons qu'il vend, à Londres, à l'âge de quatre ou cinq mois permettent d'acheter l'Orge 37 fr. 50 c. les 280 litres lorsqu'on peut les vendre 1 fr. 20 c. le kil., et que, si on arrive seulement au prix de 80 cent. le kilogr., on ne peut payer l'Orge que 25 fr. Ses boxes contiennent deux bêtes à cornes; chaque animal y jouit de 10 pieds carrés. Le plancher est formé de madriers de 3 pouces de large, séparés les uns des autres de 2 pouces anglais. Les madriers qui forment le plancher des étables destinées aux veaux ne sont séparés que par un intervalle de 1 pouce et 1/2, et ceux des logements des porcs et moutons par un intervalle de 1 pouce.

M. Méchy a une machine à vapeur de la force de six chevaux qui sert de moteur à la machine à battre, au hache-paille, au moulin pour réduire en farine les graines de lin et autres, à monter les sacs au grenier, enfin à la cuisson des diverses nourritures destinées au bétail; on voit, en un mot, réunis chez lui tous les perfectionnements d'agriculture connus, et les bons exemples qu'il donne rendent de grands services aux fermiers qui désirent bien faire.

— *Topinambours.* — Ils préfèrent les meilleures terres et aiment les fortes fumures, tout en pouvant venir dans les

2

plus mauvais sols. Leur produit est en raison de la qualité de la terre. Voici comment on les traite en Angleterre : on laboure et on fume fortement avant l'hiver. Si on opère dans de bonnes terres qui ont été drainées, on rafraîchit le labour par un coup de scarificateur au printemps; on plante les Topinambours entiers, à moins qu'ils ne soient trop gros, en lignes distantes de 1 mètre, et à 50 centimètres de distance et à 12 ou 15 centimètres de profondeur ; on a soin de les sarcler pour les tenir exempts de mauvaises herbes. A la fin de septembre, on coupe les tiges, qu'on pose debout en moyettes ; de cette manière elles finissent à la longue par sécher, et fournissent alors un excellent fourrage pour les moutons, qui mangent même le bas des tiges, qui est aussi gros que le pouce, car elles contiennent une moelle très-sucrée. Leur produit peut être ainsi de 20 à 25,000 kilogr. de bonne nourriture sèche, et le poids des tubercules qu'on arrache, au fur et à mesure des besoins, arrive à plus de 400 hectolitres dans de bonnes terres. Il faut avoir soin de n'arracher les tubercules destinés à être plantés que lorsqu'on veut les mettre en terre.

— *Engrais.* — Le docteur Anderson, chimiste de la société des Highlands, pense que les engrais les plus essentiels sont d'abord l'ammoniaque, ensuite l'acide phosphorique, et enfin la potasse; chacun de ces engrais ne peut être employé seul, avec succès, que dans des sols qui contiennent déjà une suffisante quantité des autres.

Il ne faut pas que le fumier soit trop fermenté, car alors il aurait perdu une bonne partie de son ammoniaque ; mais il faut qu'il le soit suffisamment, car, sans cela, l'ammoniaque ne serait pas formée de manière à pouvoir s'assimiler aux plantes : il faut donc le laisser fermenter en y ajoutant du plâtre, ou mieux, encore, en l'arrosant avec des dissolutions de vitriol vert ou autres sulfates.

M. Anderson dit que la grande affaire d'un bon cultivateur doit toujours être de faire, le plus possible, de bon fumier; pour arriver à ce but, il faut faire consommer aux ani-

maux beaucoup de racines, de farines, et surtout de tourteaux.
En cultivant de manière à faire produire à la terre tout ce
qu'elle peut, c'est-à-dire en ne lui accordant ni jachère
morte ni long repos sous herbes, et cependant en la fumant
autant que la plante qu'on sème peut le supporter pour donner une récolte entière, le fumier qu'on pourra faire dans la
ferme la mieux conduite ne suffira jamais, et il faudra
alors avoir recours aux engrais qu'on pourra se procurer au
plus bas prix possible. Si l'on n'est pas placé à peu de
distance d'une grande ville, ce sont le superphosphate et surtout le guano du Pérou qui coûteront le moins, à cause de la
petite quantité qu'il en faut, et des frais relatifs du transport;
la meilleure manière de les employer sera de les ajouter
comme demi-fumure à une demi-fumure de fumier.

— *Culture du pays de Galles comparée à celle des Lothians.* — M. Talbot, propriétaire du château de Penrice,
près de Swanséa, a repris et exploité, pendant cinq ans, une
ferme qui était cultivée à la manière du pays, ferme dont l'é-
tendue était de 100 hectares de terres et de 60 hectares de
prés en herbages. Elle était louée d'abord 6,000 fr., mais
avait été réduite, en 1842 et 1843, à 5,000. M. Talbot a publié dans une brochure le produit comparatif des deux genres
de culture et la différence entre les quantités du bétail entre-
tenu dans les deux systèmes. Pendant les quatre dernières
années de la culture du fermier, on nourrissait un cheptel d'une
valeur moyenne de 19,550 fr., tandis que dans les cinq années où la ferme a été conduite à la manière des Lothians,
partie de l'Écosse où la culture est le mieux perfectionnée, la
valeur moyenne du cheptel a été de 41,535 fr. Cette augmentation de bétail nourri sur la ferme a amené une grande différence dans la production des grains; en voici la comparaison.

	BLÉ.	ORGE.	AVOINE.
Moyenne du produit des dix dernières années de la culture du fermier.....	122^h,77^l	221^h,87^l	87,^{h}62^l
Moyenne du produit des quatre années de la culture perfectionnée du propriétaire........................	294^h,53^l	331^h,57^l	640^h,36^l
Augmentation de produit..	171^h,76^l	109^h,70^l	552^h,74^l

Produit brut des cinq dernières années de fermage, en moyenne.................................... 21,630 fr.

Produit des cinq premières années de la culture écossaise..................................... 40,450

  Différence en plus pour le second mode....... 18,820 fr.

Dépense moyenne du fermier pendant cinq ans...,............................ 19,035 fr.

Dépense moyenne de la culture écossaise... 26,865

  Différence en plus pour le second mode...... 7,830 fr.

Produit de chacune des années de la culture écossaise. 10,990 fr.

Il faut déduire de cette somme le loyer, les impôts et l'intérêt du capital employé pour l'exploitation. Ce capital se composait d'abord de 35,600 fr., montant de l'estimation, par experts, du train du fermier sortant qui en a fait la cession, et ensuite d'une somme de 27,250 fr. qu'on a dû y ajouter pour faire valoir à l'écossaise, en tout de 62,850 fr., soit par hectare 413 fr. 50, somme assez minime. Il résulte de tous ces comptes que, si c'eût été un fermier qui eût fait valoir de la même manière que le propriétaire, il aurait eu, en sortant de la ferme, au bout de cinq ans, un bénéfice de 22,900 fr., ou 4,580 fr. par an.

— *Machine à battre mue par la vapeur.* — On a dit, dans un club des fermiers de Newcastle, qu'on faisait maintenant des machines à battre mues par la vapeur, qui ne coûtaient, y compris le tarare, que 120 livres ou 3,000 fr., et qui battent, en une heure, de 560 à 840 litres de Froment. Deux hommes et quatre femmes suffisent pour son emploi. Pendant cinq heures on battra environ 32 hectolitres de Froment. La dépense de la main-d'œuvre et du charbon, le grain étant nettoyé et monté au grenier par la machine, est de 7 fr. 15, ou 22 centimes et 1/2 par hectolitre.

Pour faire, dans le même temps, autant d'ouvrage, il faudrait un manége de la force de quatre chevaux, qui coûterait, avec la machine, 150 francs. Le battage des 32 hectolitres reviendrait à 9 fr. 90, ou 31 centimes l'hectolitre. Mais le grand inconvénient du battage avec les chevaux est de ne pouvoir l'exécuter, dans différentes époques de l'année, sans faire un grand tort à la culture. Ce travail fatigue aussi singulièrement les chevaux. La machine à vapeur est toujours disponible pour battre ou moudre le grain, couper le foin ou la paille, cuire les aliments du bétail, chauffer l'habitation, ou les fourneaux de la cuisine.

Quand on a l'intention de l'employer à ces différents usages, on devra la faire monter avec deux générateurs au lieu d'un, afin de n'en chauffer qu'un lorsqu'on ne veut faire qu'une partie de ces divers ouvrages; mais il faut observer que cela augmente un peu la dépense d'érection. On préfère, généralement, les machines à vapeur sans condensation, parce qu'elles exigent moins d'eau.

— *Beurres.* — Les meilleurs beurres se font sur des sols médiocres, et non dans les plus gras pâturages ou herbages; ceux-ci sont employés à engraisser du bétail, et le beurre qui en provient n'est pas si fin de goût et ne se conserve pas aussi bien lorsqu'on le sale; ceci est reconnu aussi bien en Angleterre qu'en France. Le beurre connu à Paris sous le nom d'Isigny vient des environs de Bayeux, tandis que les herbages des environs d'Isigny servent à l'engraissement. Les beurres de Bretagne et de Gournay proviennent de terrains naturellement peu fertiles.

— *Géologie.* — M. Morton, qui a composé un ouvrage très-estimé en Angleterre sur la géologie, et qui est en même temps un des meilleurs cultivateurs écossais que l'on connaisse, a dit, dans une réunion du *farmer's club* de Londres, reproduite dans le *farmer's Magazine* (décembre 1850), qu'il ne pensait pas que la science du géologue pût être très-utile à un agriculteur, mais qu'un ingénieur agricole en tirerait un grand parti pour exécuter des travaux d'irrigation et de drainage. A une personne qui engageait les cultivateurs à s'instruire en géologie, il a ensuite répondu que la qualité de la terre était loin d'avoir autant d'importance sur la qualité de la viande, du beurre et du fromage, que d'une part l'espèce ou la race des animaux, et d'autre part les soins et l'habileté des personnes chargées de conduire le bétail et la laiterie.

Les deux plus beaux Froments qu'on connaisse en Angleterre viennent l'un du marché de Guilfort, dont les environs sont très-sablonneux, et l'autre du côté d'Essex, dont les terres sont très-argileuses.

— *Craie ou marne et chaux*. — Dans le comté d'Essex, on met, d'après le dire de M. Baker of Writtle, de 35 à 40 tonnes de craie ou de marne par hectare, ou bien 4,000 kilogrammes de chaux. L'application de cette dernière substance coûte infiniment moins cher à cause du charroi, et produit encore un effet plus rapide et meilleur.

Il a été dit, dans le *farmer's club*, sans qu'il se soit élevé aucune contradiction, qu'il y avait bien peu de terres auxquelles un chaulage ne fît du bien. Si une terre porte des Vesces sauvages et des Ravenelles blanches, un fort chaulage amènera leur destruction.

M. Fisher Hobbs, ainsi que la plupart des cultivateurs présents à la lecture sur la géologie faite par M. Webster et dont il est question dans la note précédente, furent d'un avis opposé à M. Morton. M. Hobbs dit que le mélange de terres d'une qualité différente à celle du sol à améliorer était toujours une bonne chose, et qu'il avait dépensé, dans le cours de 1850, 20,000 fr. à marner des sables et graviers, à l'imitation d'un de ses parents, qui avait amélioré, il y a quarante ans, d'une manière très-remarquable, des terres sablonneuses et graveleuses, au moyen d'un fort marnage dont l'effet durait encore.

—*Fourrage cuit*.—On assure, dans le *farmer's Magazine*, qu'on obtient une nourriture plus économique pour le bétail et les chevaux que la méthode ordinaire par le procédé suivant : on coupe la paille et le foin, on les fait ensuite bouillir en les mélangeant intimement avec des racines coupées et des farines de grains et de tourteaux. Les animaux peuvent manger en bien moins de temps, et ensuite se reposer, que lorsqu'ils sont forcés de mastiquer, pendant un temps infini, le fourrage sec et naturellement dur. On se sert d'un générateur pour produire la vapeur, qu'on introduit entre deux chaudières lutées ensemble et entre lesquelles se trouve un intervalle. Cette double chaudière, chauffée par la vapeur, empêche la nourriture d'être brûlée et de prendre un mauvais goût. La chaudière extérieure est percée de deux trous : par l'un deux elle reçoit la vapeur ; par l'autre, situé au fond et armé d'un robinet, on laisse de temps en temps échapper la vapeur qui s'est condensée.

Le fumier qui provient des animaux nourris de cette manière, et qui est contenu dans une litière qui a été coupée à 3 pouces de longueur, est non-seulement bien plus facile à répandre, ce qui se fait maintenant au moyen de tombereaux construits pour les engrais décomposés ou pulvérulents d'une manière plus économique et bien plus égale, mais encore il est, assure-t-on, bien plus fertilisant.

— *Machine à battre mue par la vapeur.* — La machine à battre de M. Garrett, mue par une machine à vapeur locomotive de la force de cinq chevaux, bat par heure 21 hectolitres 50 litres en consommant 70 livres de charbon.

— *Vacherie.* — Dans une ferme à Hove, près de Brighton, qui appartient, je crois, à M. Rigden, on a quarante vaches à lait dont le lait se vend à la ville et produit 20 livres sterling ou 500 fr., je suppose, pour les meilleures. Elles sont parfaitement logées. L'hiver, on les nourrit avec des racines et de la drêche ; l'été, on les place au piquet sur des prairies artificielles. Elles font, en hiver, un yard cube de fumier par semaine, et en été moitié moins.

— *Nourriture du bétail et fumier.* — Dans une réunion du club des fermiers de Sprotbro, on a traité de la meilleure manière de nourrir le bétail, et surtout de faire de bon fumier. Il a été admis que le meilleur fumier se faisait dans les boxes, et qu'il était d'autant meilleur que les bêtes recevaient davantage de tourteaux et de farines mêlés avec des racines et de la paille hachée, mais que, pour pouvoir charger facilement et répandre de même cedit fumier, il fallait couper la litière à une longueur de 3 ou 4 pouces ; sans cela, on est obligé de couper le fumier dans la boxe comme on coupe le foin après une meule. On retire d'une boxe où il y a eu un animal pendant une année une dizaine de tombereaux de fumier ; mais il est tellement lourd et compacte, qu'il faut atteler deux chevaux au lieu d'un au tombereau pour le transport dans le champ. On a aussi reconnu que les animaux engraissaient plus vite et mangeaient moins étant en boxes que lâchés dans des cours où se trouvent des hangars qui ne sont abrités que d'un ou deux côtés. Un des fermiers a annoncé qu'il donnait à ses jeunes bœufs de 9 à 10 livres anglaises de tourteaux avec 80 ou 100 livres de racines. M. Newham, fermier, à Edlington, a dit que, lorsqu'il a pris cette ferme il y a quinze ans, elle était très-maigre et improductive : il a, depuis lors, acheté toujours des engrais pulvérulents qui ont petit à petit doublé ses fumiers en qualité et en quantité; mais cela ne l'empêche pas d'en acheter toujours une grande quantité, et il s'en trouve bien, car il récolte en proportion des fumures. Il a pour habitude de mettre une demi-fumure de fumier et de la compléter avec des engrais achetés. Il nourrit beaucoup de cochons en liberté dans des cours, car ils fournissent ainsi plus de viande pour une même quantité de nourriture.

Dans une réunion du club des fermiers de Starrington (Sussex), on a traité de l'élevage des bêtes à cornes. Il y a des fermes de ce pays où l'on élève cent veaux par an ; on les laisse teter leur mère pendant trois ou quatre mois, en leur permettant de courir avec elle dans des pâturages. Ils sont sujets à une maladie assez semblable à la pourriture des bêtes à laine, et qui arrive, comme elle, pendant les temps humides et dans les pâturages qui n'ont point été assainis par le drainage. Leur foie s'emplit de douves. C'est au commencement d'octobre qu'ils sont plus exposés à gagner cette maladie ; pour l'éviter, on les rentre dans les cours de fermes, où on les nourrit avec du foin, de la paille, des racines coupées et 1 livre de tourteaux de Lin. On recommande surtout, lorsqu'ils sont rentrés dans les cours, de ne pas les envoyer au pâturage avant que la rosée ne soit parfaitement évaporée. Quant à l'engraissement du bétail, rien de meilleur que d'ajouter, à une quarantaine de litres de racines et de fourrages coupés, de la farine de fèves mêlée, par moitié, avec de la farine d'Orge, et d'arroser le tout avec un bouillon épais de graine de Lin et d'eau. Les animaux gagnent, avec cette nourriture, de 16 à 24 livres de poids dans une semaine.

Deux des membres du club élèvent en même temps deux veaux avec une seule mère. M. Rigden, de Hove, a dit que ses veaux ne tetaient jamais plus de trois jours, et qu'il les élevait au moyen d'une décoction ou bouillie liquide formée de farine de graine de Lin et d'Avoine, et, quoiqu'il n'élevât que des bêtes de l'espèce des courtes-cornes ou durhams, il n'était pas exposé aux pertes de veaux dont il entendait les autres fermiers se plaindre.

— *Arrosement avec du purin.* — On a parlé, au club des fermiers de Berwick, des arrosements avec du purin. M. Nisbet, fermier, au Prumbleton, arrose au moyen de tonneaux montés sur roues et se loue fort des résultats; il emploie 8 tonnes du purin, pesant chacune 1,000 kilogr. par hectare; il arrose ainsi ses prairies au printemps, et une seconde fois après le foin enlevé. M. Nisbet est si persuadé de l'excellence du purinage, qu'il a construit à ses frais la citerne, qui coûte 625 fr. et contient 45 tonnes de 1,000 kilogr. Il se sert de la houe à cheval de Garrett avec le plus grand succès; le semoir, et cet instrument qui coûte 475 fr., lui économisent un tiers de semence, et ses terres sont infiniment plus propres. Il a laissé, l'année dernière, 5 hectares sur 30 qui étaient semés en Froment sans les sarcler, et on y ramasse six fois autant de Chiendent que dans les 25 qui l'avaient été en employant deux paires de chevaux alternativement. Il sarcle 10 hectares en un jour, ce qui lui revient à 2 fr. l'hectolitre. Ses gens n'ont pas eu de peine à diriger cet instrument.

Il a été établi par M. Cunningham de Coldstream, qui a visité la machine Myremill, que l'arrosement par les tuyaux ne coûtait que moitié de l'arrosage avec tonneaux, l'intérêt de l'argent et l'usure des tuyaux et de la machine à vapeur étant pris en considération; il en coûte pour 160 hectares, au moyen de la machine et des tuyaux, 1,875 fr. Cela suppose qu'on a fait réduire en purin tous les engrais faits dans la ferme.

— *Comparaison de la culture écossaise et de celle d'Angleterre.* — On a comparé, dans une séance de ce club, les cultures perfectionnées des deux fermiers suivants. M. Rigden, demeurant à 1 mille de Brighton, paye sa ferme à raison de 35 schellings l'acre de 40 ares. Le fumier ne lui coûte guère que moitié du prix qu'on le paye à Édimbourg; il en achète pour 686 livres sterling pour 740 acres. La main-d'œuvre lui coûte moins cher qu'au fermier dont il va être question : son bail est plus libéral, et il aura, à sa sortie, un tenant-right avantageux; il emploie une plus forte proportion d'attelages, un capital de 7 livres 10 schellings de plus par acre et une dépense de 20 schellings par acre de plus. M. Gibson de Woolmet cultive une ferme de 400 acres ou 160 hectares, située à 5 milles de la capitale de l'Écosse, ce qui est bien plus coûteux pour le transport des denrées et des engrais; il paye 72 schellings de fermage par 40 ares. Il achète pour 610 livres ou 15,250 francs d'engrais, presque 100 francs par hectare, malgré le fumier que lui procure son nombreux bétail. M. Wilson, d'Édington, a dit que, si on avait comparé une ferme qui ne fût éloignée d'Édimbourg que de 1 mille, le fermier, au lieu de payer comme M. Gibson, qui en est à 5 milles, payerait 5 livres 12 schellings par 40 ares; ce qui fait 350 fr. de loyer, au lieu de 109 fr. 35 c. que M. Rigden paye à côté de Brighton, loyer qui n'est pas le tiers de celui des bonnes terres du voisinage d'Édimbourg. Quant à la comparaison avec la ferme du révérend Huxtable, dont les terres étaient, dit-on, mauvaises, mais qui donnent, par une bonne culture, des récoltes comparables à celles de M. Rigden et supérieures à celles de M. Marton, il n'en paye que 46 fr. 37 c. et 1/2 par hectare. Ce dernier, dit M. Wilson, comme Écossais, paye un plus fort prix de fermage, 156 fr. par hectare : ses dépenses en main-d'œuvre et attelages sont moindres que dans les deux autres fermes; mais il a des récoltes moins abondantes.

Le club de Berwick a terminé sa séance par l'approbation du système de nourriture du bétail en boxes, un emploi plus restreint des racines, qu'on doit remplacer par de la paille hachée et arrosée avec un bouillon de farine de graine de Lin et autres grains, principalement des Fèves, Pois, Vesces, Orges et Seigles, sans oublier le Maïs. Il a été reconnu que la somme de 2,500 fr., qu'on admet comme dépense d'un attelage de deux chevaux, doit comprendre les gages et la nourriture de leur conducteur, l'intérêt et la dépréciation du capital employé à leur achat, ainsi que l'usure des instruments employés.

— *Sables détestables marnés.* M. Dixon, de Hotton, près Caistor, comté de Lincoln, a commencé, il y a vingt-deux ans, à cultiver une propriété dont le fermier n'a pas voulu payer 50 livres pour 200 hectares dont le terrain sablonneux était détestable (je ne connais rien de plus mauvais dans tout ce pays que j'ai traversé).

M. Dixon, après avoir drainé le sol, y met 225 mètres cubes d'une espèce d'argile marneuse qui se trouve quelquefois dans le sous-sol, mais souvent il fallait la chercher encore assez loin. Cette double amélioration lui revenait de 750 à 875 fr. par hectare : il mettait ensuite une fumure pour des Turneps qu'il fait consommer au parc, puis leur fait succéder une récolte d'Orge dans laquelle on sème du Trèfle mélangé d'autres plantes à fourrage; il répand sur cet herbage, avant l'hiver, 65 mètres cubes de cette argile calcaire, qui se fond pendant les gelées et les dégels de l'hiver, et s'incorpore ainsi parfaitement au sable. M. Dixon avait essayé de l'argile contenant des parties ferrugineuses qui, au lieu d'améliorer, à nui à la terre; on ne dit pas s'il n'a opéré qu'un marnage, mais sa propriété pourrait se louer maintenant 400 livres au lieu de 50, ou huit fois autant que le fermier avait refusé d'en payer.

— *Colmatage.* — La rivière de Trente, qui se jette dans celle de Humbre et qui en reçoit par son embouchure la marée chargée, par le mauvais temps, de particules très-fertilisantes, a été fort anciennement endiguée pour mettre les campagnes qui la bordent à l'abri des inondations. Depuis on a eu l'idée de profiter des sédiments se trouvant en dissolution dans la marée montante pour l'amélioration de terres naturellement peu fertiles, ou de celles qui avaient été épuisées par une mauvaise culture ; on a entouré ces terres de digues ; on laisse entrer l'eau chargée de cette espèce de vase fertilisante dans ces espèces d'enclos où sa stagnation laisse déposer la vase.

— *Concours de Versailles.* — M. Malingié avait sept béliers de la race de la Charmoise ; il n'a eu qu'un second prix de 300 fr., et on ne l'a pas donné à un de ses plus beaux béliers, il s'en faut. Ses bêtes étaient fort belles ; elles ont des toisons tassées, mais n'ayant ni la finesse ni le lisse des toisons des troupeaux mérinos du Dishley. M. Pluchet avait exposé cinq béliers de son troupeau dérivé d'un croisement mérinos-dishley, composé de 5/8 mérinos et 3/8 dishley : ses bêtes sont plus élevées que celles de M. Malingié ; leurs formes ne sont pas, je pense, aussi bonnes, mais il a de fort belles toisons qui se vendent comme de fort beau métis mérinos, et ses animaux prennent fort bien la graisse à 15 mois.

M. Yvart fait grand cas de ce dernier croisement, qui se perpétue depuis une dizaine d'années sur lui-même. Il estime on ne peut plus les carcasses du troupeau de la Charmoise, mais leur reproche leurs toisons. Il fait grand cas des troupeaux mérinos de M. Achille Maître, de Châtillon (Côte-d'Or), et de M. Conseil, propriétaire à Oulchy-le-Château, et encore d'un troupeau mérinos des environs de Sainte-Menehould dont j'ai oublié le nom, mais dont les toisons de brebis se vendent 13 fr. et dont les moutons pèsent encore 20 kilogr. Il trouvait très-bons les taureaux de M. Salvat et ceux de M. Tachard.

M. Lefour m'a dit que mes charrues n'avaient pu être primées, car elles n'avaient pas été inscrites à temps. Je n'ai trouvé, dans tous les instruments exposés, que deux charrues qui fussent très-bonnes, dont l'une destinée pour vaches vient de Limoges. La machine à tuyaux de madame veuve Champion est bonne, mais elle ne vaut guère que 300 fr., et on la vend 600 fr. à Jouars-Pont-Chartrain (Seine-et-Oise).

— *Moutons du Lincolnshire.* — Cette variété de l'espèce, qui a été améliorée par des croisements avec des béliers new-leicesters nommés, chez nous, dishleys, est, d'après les fermiers de ce pays, plus profitable que les dishleys purs. Une ferme de 200 hectares nourrit ordinairement, dans ce pays, mille bêtes à laine, dont les toisons pèsent ordinairement, étant lavées à dos, 7 à 8 livres anglaises. Cette race donne des moutons qui, étant âgés de 2 ans, pèsent 130 livres, viande nette : leur chair est meilleure que celle des dishleys, car elle contient moins de suif ; on compte qu'il faut, pour engraisser une bête à cornes, une demi-tonne de tourteau.

— *Belle Luzerne.* — Plâtrage en juin sur terre où il ne réussit pas en avril.—J'ai vu chez M. de Bauchène, près de Romorantin, en véritable terre de Sologne tellement peu productive qu'il en a semé une grande étendue en Pins maritimes, une belle Luzerne semée contre les Pins.

Elle date de quatre ans, et n'a eu d'autre préparation qu'un marnage et 40 hectolitres de suie par hectare sans emploi de fumier. Le plâtre, semé au printemps, ne produit aucun effet sur cette terre ; mais le propriétaire m'a assuré, ce que je n'avais jamais ouï dire, que le plâtre réussit à merveille lorsqu'il est semé sur la deuxième coupe en juin, par un temps humide et chaud. D'un champ qui sortait des mains d'un métayer qui l'avait marné et fumé très-légèrement d'après l'usage du pays on avait retiré une récolte de Seigle, une d'Avoine, une de Pommes de terre et une de Sarrasin, le tout sans aucune autre fumure. M. de Bauchène a semé, dans le Sarrasin, de la Luzerne au printemps de 1850, et il n'a donné qu'un an après, à la moitié du champ, 40 hectolitres de suie à l'hectare : elle est superbe là où on y a semé cette suie, et, là où on n'a rien mis, la Luzerne est comme disparue.

— *Froments anglais.* — M. Hope de Fenton-Barn, cultivateur très-distingué des Lothians, a lu à la Société d'agriculture d'Écosse, à Édimbourg, un mémoire sur les meilleures espèces de Froment connues dans la Grande-Bretagne. Les espèces cultivées dans les Lothians sont celles de Hunter, Hopetoun, Fenton et red Straw white, tous Froments blancs ; la seule variété rouge qui soit répandue est celle de Spalding rouge prolific. On cultive cependant encore les variétés suivantes : woolly Eared, Chiddam, Pearl, Brodies, Gregorian, Trumper's Mummy Wheat; dans les espèces rouges, Blood red, Lamas red et crepping Wheat. Le red Chaffed white, qui est une variété du red Straw white, commence à être connu. Il dit que le Hickling's prolific et le Withingdon ont été beaucoup semés dès qu'ils ont paru, mais qu'ils ont été bientôt abandonnés, après avoir fait perdre de l'argent à ceux qui les avaient adoptés. Le Froment Fenton produit une paille encore plus courte et plus roide que celle du Hunter, et chez M. Hope il rend toujours plus que le premier, qui a été abandonné depuis six ans. Il n'y a que le Spalding rouge qui rende plus que le Fenton, tout en produisant cependant moins d'argent par hectare, les graines rouges ayant une valeur moindre. M. Hope sème, au semoir, de 8 à 9 pecks (de 70 à 79 litres) par 50 ares : si la saison est avancée, il en sème 10 (88 litres); au mois de décembre, 11 (97 litres); au printemps, de 11 à 12 (de 97 à 108 litres). 125 hectares sont ensemencés en Froment, savoir 100 en lignes et 25 avec le semoir à la volée, qui n'exige pas plus de semence. Le produit est égal, si on ne sarcle pas; mais le grand mérite de la culture en lignes est la facilité de l'emploi de la houe à cheval pour le sarclage.

— *Destruction du wire-wurm.* — On assure, en Angleterre, que les fumures faites au moyen de tourteaux de Colza gros comme des Noisettes attirent la larve de l'*Elater obscurus*. Ces vers et d'autres s'attachent en grande quantité aux morceaux de tourteaux, et cette nourriture les fait périr. Si on pulvérisait les tourteaux, la poussière se mélangerait avec la terre, et les vers ne pourraient la consommer.

— *Semence des crucifères.* — D'après M. Morren, professeur d'agriculture à l'université de Liége, et d'autres personnes, pour avoir de plus belles plantes de crucifères et même d'autres plantes, il faut choisir la graine venant sur des jets qui sortent de la racine, ou le plus près de la racine, quand il n'y en a pas des premières. D'après un rapport fait par M. Van den Hock, M. Van der Kull de Ridderkerkf sema uniquement de cette graine de Colza, et il récolta, près de Dordrecht (Hollande), 34 setiers de Colza sur 1 bonnier. La Société d'agriculture de cette ville lui décerna une médaille d'honneur pour cette découverte.

— *Haricot géant de Hollande.* — Ce Haricot, d'après M. Morren, est excellent pour manger sec; il est extrêmement productif; il a besoin de rames.

— *Charrue.* — Dans des essais dynamométriques qu'a opérés M. de Dombasle, il a constaté que le poids de la charrue n'avait pas d'influence sur l'augmentation de la traction, à moins qu'il ne fût de plus de 100 kilogr.

— *Concours de Poissy.* — M. Malingié a exposé deux lots de vingt moutons de la race de la Charmoise : il a obtenu, pour le premier, dont l'âge est d'un an, le premier prix des jeunes moutons, qui est de 800 fr. ; il les a vendus à un boucher 108 fr. la paire, après qu'ils ont été tondus. Le second lot, qui avait deux ans, a eu un prix de 400 fr., et il s'est vendu 117 fr. la paire, après la tonte.

M. Lupin, qui avait aussi deux lots âgés de quinze mois, a obtenu, pour les dishleys mérinos, une prime de 300 francs. Les dishleys-crevants n'ont pas été primés, quoique fort remarquables. Les premiers, en laine, ont été vendus 40 fr. la pièce, et les seconds l'ont été à 30 fr., aussi avec leur laine.

M. Pourtalès avait un lot de dishleys-crevants, qui s'est vendu, en laine, 42 fr.; il a eu le troisième prix des jeunes moutons, 600 fr.

M. Pluchet avait un lot de dishleys mérinos, du même âge que les précédents, qui étaient fort gras; il les a vendus 50 fr. la pièce, et les toisons ont été revendues 11 fr. par le boucher. Ces bêtes ressemblaient assez à des mérinos, et leur laine était belle. M. Pluchet vend les toisons de son troupeau croisé de 8 à 10 fr. la pièce.

— *Parcage.* — D'après M. de Gasparin, il faut, en Provence, quatre-vingt-dix nuits de cent onze moutons pesant 17 kilogr., viande nette, pour parquer 1 hectare. Si, dit-il, on parque cent cinquante jours dans l'année, soixante-six moutons fumeront 1 hectare.

M. de Gasparin nous a appris, il y a longtemps, que le fumier d'auberge, après être resté en tas pendant un mois, se vendait, en Provence, 13 fr. les 1,000 kilogr.; que le mètre cube non foulé pèse 660 kilogr., et, s'il a été bien tassé, 820 kilogr. Il ajoutait que cet engrais, employé sur les terres irriguées, donnait de 20 à 30 fr. en sus du prix d'achat, mais qu'il ne donnait dans les terres non irriguées, et sous ce climat brûlant, que 9 fr. 50 à 10 fr., en sus du prix d'achat, par 1,000 kilogr. Il disait encore que l'urine humaine valait le double du fumier d'auberge, à poids égal, et que celui-ci vaut le double du fumier des métairies. D'après lui, 7 kil. et 1/2 de tourteaux de Cameline ou de Pavots valent autant que 100 kil. de fumier; ceux de graine de Coton ou de Chènevis, comme 10 contre 100. La plante de *Madia sativa* en vert vaut mieux, à poids égal, que le fumier.

— *Élève des veaux.* — La meilleure manière de les élever est de les laisser teter, si c'est un animal d'une espèce qui doive atteindre un prix élevé; quant aux autres, on les laisse teter pendant quinze jours; au bout de ce temps on sépare le veau de sa mère, et on lui donne, pendant une autre quinzaine, moitié lait écrémé avec autant de lait pur. Plus tard, on ne donne plus de lait pur; on fait bouillir le lait écrémé, et on le laisse tiédir pour le faire boire au jeune animal. Un moyen sûr d'empêcher les indigestions et, par suite, les maladies des veaux, c'est de leur donner peu de lait à la fois, mais fréquemment, au moins quatre fois par jour. Lorsque l'animal a un mois et qu'il n'est plus nourri que de lait écrémé, il faut y ajouter petit à petit de la farine. Faute de lait, on délaye 1 litre de belle farine de Froment dans de l'eau froide, de manière à ce que le mélange soit comme de la crème épaisse ; après avoir mis le tout dans un vase de grandeur convenable, on prend 9 litres d'eau bouillante qu'on verse dessus petit à petit, et en tournant la bouillie de manière à empêcher qu'il se forme des grumeaux. Si on pouvait ajouter un sixième de lait écrémé, le mélange serait préférable. Ces 9 litres de bouillie sont une nourriture suffisante pour le veau pendant vingt-quatre heures ; on peut y ajouter avantageusement de la farine de graine de Lin ou de tourteaux de Lin. Lorsque les veaux ont atteint l'âge de six semaines, on peut leur donner du foin coupé très-fin et mêlé avec de petits morceaux de racine saupoudrés de farine de tourteaux ou de Fèves, de Pois, d'Avoine, de Maïs ou de sagou de bétail.

Si les veaux sont atteints par la diarrhée et qu'elle ne disparaisse pas naturellement au bout d'un jour ou deux, on leur fait prendre une demi-once de fleur de soufre.

Au dîner du conseil, lors du concours d'agriculture de la Société royale d'Angleterre, à York, en 1848, on pria plusieurs éleveurs de bêtes à cornes qui ont acquis une grande réputation sous ce rapport de faire connaître leurs méthodes d'élever les veaux. Voici ce que j'ai trouvé de plus remarquable dans leurs discours :

M. Pilham laisse teter ses veaux pendant quinze jours, et leur donne ensuite la nourriture suivante : il délaye dans du lait doux, mais écrémé, 125 grammes de farine de graine de Lin, autant de farine de Fèves et autant de mélasse. Ces matières remplacent parfaitement ce qu'on a ôté au lait en l'écrémant, et ont une moindre valeur.

M. Barrett de Biggleswode, qui a un nombreux troupeau de bétail, fait mettre, quelques jours avant le part et lorsqu'il fait chaud, les vaches qui sont prêtes à vêler, dans un hangar

3

à l'abri du soleil. Il n'emploie ni la saignée ni les purgations,
même lorsqu'elles sont très-grasses, et il lui est arrivé bien
rarement d'être obligé de leur donner des remèdes après le
vêlage. Dans le cas où quelque symptôme inflammatoire se
déclare, il leur donne un remède composé de 550 grammes
de sel de Glauber, un demi-litre environ d'huile de Lin,
1 drachme de Gingembre délayée dans 3 litres d'eau chaude;
mais il n'a recours à la saignée que lorsque l'inflammation
est très-intense. Il ne laisse teter le veau que pendant quatre
à cinq jours, puis on l'ôte d'auprès de sa mère pour le ren-
fermer dans une boxe disposée de manière à être fraîche en
été et chaude en hiver. Les veaux qui ne sont point mis à
l'attache sont infiniment mieux, et ils sont bien moins sujets
à la diarrhée. A cette époque, on donne aux jeunes veaux
7 litres de bon lait par jour; lorsqu'ils ont atteint l'âge de
trois semaines, on y ajoute un peu de foin haché mêlé avec
un peu de farine de graine de Lin. A l'âge d'un mois,
on leur ôte de 2 à 3 litres de bon lait qu'on remplace par autant de lait doux écrémé, et on augmente par degrés la
graine de Lin, le foin coupé, et on ajoute de la recoupe fine.
A six ou sept semaines, on augmente le lait écrémé, et on leur
donne un demi-litre de farine de graine de Lin et davantage
de son ou recoupe, avec du foin coupé. On continue à donner
du lait écrémé aussi longtemps qu'il y en a de disponible. Si la
diarrhée se déclarait, ce qui, du reste, n'arrive que rarement,
voici le remède qui a été employé avec succès. On prive le
veau de son lait le matin, et on lui fait prendre 1 once de sel
dans 1 pinte de bière chaude; on a soin de diminuer la quantité de lait pendant les trois repas qui suivent : si le mal ne
cède pas, on a soin, pendant plusieurs jours, de faire bouillir
le lait avant de le donner à l'animal; si le mal était très-vio-
lent et que le veau se plaignît en regardant son flanc, on lui
administre 1 once d'huile de Lin, et on lui pratique une légère saignée, dont la quantité varie de 4 à 8 onces, selon
l'âge, depuis une semaine jusqu'à deux mois.

M. Barrett laisse vêler ses vaches à toutes les époques de

l'année ; mais il pense que le moment le plus favorable est le mois de septembre pour les vaches faites, et celui de mai pour les génisses ; car, à cette époque, il y a une abondance de bonnes herbes qui les rend bonnes laitières. Tous les veaux venus après le mois de mars ne sont mis au pâturage que l'année suivante.

M. Shaw de Northampton prétend que, pour bien élever des veaux, il faut savoir si, pendant le courant de leur vie, ils seront nourris du produit des terres labourables, ou bien mis sur des herbages. Dans le premier cas, il faut les séparer, le plus tôt possible, de leur mère. Quant à lui, dont l'exploitation a pour but de vendre le plus de lait possible, il laisse cependant teter ses veaux pendant deux mois, et ensuite ne leur donne plus que 1 litre ou 2 de lait par jour, en y ajoutant du foin coupé et du tourteau de Lin écrasé ; il leur donne aussi de la farine de graine de Lin, mais pas trop longtemps de suite, et la remplace par celle d'Avoine.

Son avis n'est pas d'engraisser les bœufs uniquement dans les herbages, mais d'y joindre la nourriture à l'étable. Il prétend qu'il faut les commencer d'une manière et les finir de l'autre, quoiqu'en définitive il croie préférable la méthode de nourrir et d'engraisser à l'étable. Pour preuve à l'appui de cette manière de voir, il cite un animal âgé de trente-deux mois et pesant 400 kilogr. de viande nette, qui avait été nourri d'abord avec du fourrage coupé mêlé d'Avoine moulue, qu'on remplaça ensuite par de la farine de Fèves. Pour tuer avec profit de très-jeunes bêtes, il est persuadé qu'il faut les nourrir à l'étable.

— *Culture à la bêche.* — M. Mitchell, qui demeure près Wymondham, comté de Nerfolk, cultive une ferme de 127 hectares, dont 42 sont en herbage, avec vingt et un hommes et six chevaux ; il fait bêcher à la fourche la plus grande partie de ses terres, ce qui se fait à la tâche, à raison de 20 ou 25 centimes le rod ou 30 pieds carrés : les tâcherons gagnent ainsi de 14 à 15 fr. par semaine.

ITINÉRAIRE

À SUIVRE POUR VISITER QUELQUES-UNES DES FERMES LES MIEUX CULTIVÉES D'ANGLETERRE.

1° Lorsqu'on aime l'agriculture et qu'on se trouve à Londres, il serait impardonnable de ne pas aller visiter un des plus fameux engraisseurs de bestiaux de ce pays, M. Tucker, à Abbey-Mills, près Strattford, qui n'est qu'à 2 ou 3 milles de l'embarcadère Shoreditch-Station.

2° La ferme la mieux construite que j'aie vue est Porters, terre de M. Myers. Elle est aussi fort bien cultivée par des Écossais ; il s'y trouve une machine à battre, un moulin, un hache-paille, etc., le tout mis en mouvement par une excellente machine à vapeur à poste fixe. Cette exploitation, qui est des plus remarquables, est située à 7 milles de la station du chemin de fer de Londres à Birmingham, qui se nomme Watford, et qui n'est qu'à 17 milles de la capitale.

3° A 2 milles de Watford est une ferme cultivée par M. Marjorybanks, qui a, dit-on, de fort beaux courtes-cornes.

4° Un gros brasseur possède, à 1 mille de la même station, une exploitation qu'on dit fort bien tenue, et où se trouve un beau troupeau de l'espèce cotteswoold.

5° Lorsqu'on est de retour à Londres, on peut se rendre, par le Great-Western railway, à la station de Twyford, qui est à 30 milles de Londres, où l'on prendra un cabriolet pour se rendre à Henley on Thames, à moins que l'on n'arrive à l'heure du départ de l'omnibus qui y conduit. A 1 mille de cette localité est la ferme de M. Marjorybanks, banquier, qui engraisse un grand nombre de bêtes à cornes.

Il a construit une superbe vacherie où l'on attache quatre-vingt-dix bêtes qui ne reçoivent pas de litière, et un autre bâtiment où l'on met seize bêtes à cornes en boxes à claire-voie. L'appareil destiné à la préparation de la nourriture du bétail mérite surtout d'être examiné de près ; il m'a paru supérieur à ceux que j'ai vus ailleurs. Il faut aussi se faire expliquer la manière de soigner et préparer les engrais, qui, au lieu de paille, se forment principalement de bonnes terres qu'on mélange avec la fiente des animaux et qu'on arrose avec leurs urines. Le régisseur de cette terre est très-intelligent.

6° Après être revenu à Twyford, on pourra partir pour Cirencester par le premier convoi. On visitera, le matin, la ferme du collége agricole, dont M. Valentine dirige la culture. On y verra de fort beaux courtes-cornes, entre autres un taureau du fameux éleveur Bates. C'est à cet endroit qu'on pourrait peut-être acheter des jeunes taureaux d'excellente race à des prix moins élevés qu'ailleurs. Les chevaux y sont tenus dans des boxes, comme une partie des bêtes à cornes. On y voit une excellente machine à battre mue par la vapeur, et une machine pour pulvériser les coprolites, dont on a fait venir, cette année, 20,000 kilogr. d'Ipswich.

7° De là on peut aller visiter la ferme de M. Lawrence, qui touche la précédente. Si le propriétaire, qui demeure près de la ville, ne s'y trouve pas, le maître valet, qui est un jeune Écossais très-intelligent, donnera fort bien tous les renseignements qu'on lui demandera. Cette ferme est remarquable sous tous les rapports.

8° En rentrant en ville, on fera bien de prier M. Anderson, régisseur de lord Bathurst, dont le château et l'immense parc touchent la ville, de donner la permission d'en visiter la ferme, qui est fort bien cultivée, et dans laquelle on verra, entre autres choses, une bergerie où l'on attache cent moutons à l'engrais, comme les vaches le sont dans une étable.

9° On reprendra le chemin de fer pour se rendre dans la ville de Stroud, où se trouve la manufacture d'instruments agricoles et de machines à vapeur de Ferraby, qui a fourni les machines des fermes de Porters, du collége agricole de Cirencester et de M. Lawrence.

10° A l'aide d'un omnibus, on peut rejoindre le chemin de fer de Bristol, qui vous transportera jusqu'à la station de Sharfield, qui n'est qu'à 2 milles de Tortworthcourt, habitation de lord Ducie. Dans la ferme qu'il fait valoir ont été rassemblés, depuis une dizaine d'années, les plus béaux courtes-cornes qui aient été vendus pendant cet espace de temps. Il s'y trouve, en outre, trois cents brebis southdowns, choisies dans les meilleurs troupeaux de cette excellente race, et auxquelles on donne les béliers d'élite du troupeau de M. Jonas Webb de Babraham, près Cambridge. Lorsque j'ai visité les cultures de lord Ducie, il se trouvait chez lui trois béliers pour lesquels il payait, par an, 6,825 fr. de loyer à M. Jonas Webb.

11° De Tortworthcourt, il faut se rendre à Whitefield exemplar farm, chez M. Morton, qui en est le fermier. C'est lui qui a fourni les plans de la ferme de Porters (n° 2), qui est, je le répète, la ferme la mieux combinée que j'aie vue dans mes longs et nombreux voyages agricoles. C'est lui qui a construit, pour lord Ducie, la ferme qu'il occupe, et où l'on verra, entre autres choses, la manière la plus économique et la meilleure de conserver des racines.

12° De Whitefield on retournera à la station de Sharfield, où l'on prendra sa place pour la charmante ville de Cheltenham, qui mérite bien qu'on lui consacre une journée. On en partira le matin par une voiture qui vous transportera à 16 milles, à Evesham. A 2 milles de cet endroit se trouve la ferme de Chadbury, cultivée par un des meilleurs fermiers anglais, M. Charles Randall. Il a fait produire, à des argiles en côtes les plus tenaces que j'aie jamais vues, alternativement une superbe récolte de Froment, puis un Trèfle ou une Vesce consommés sur place par son troupeau, au moyen d'une claie de son invention. A travers les barreaux de cette claie, les moutons passent leur tête pour consommer le fourrage,

sans qu'ils puissent le piétiner. Comme ces claies n'ont besoin d'aucun piquet pour se tenir debout, on les avance en
un clin d'œil, toutes les fois que cela est nécessaire. La première récolte de Froment a été obtenue sans fumier : on a
labouré la terre à 4 ou 5 pouces de profondeur; on a ensuite
mis la terre en tas, et on l'a fait brûler au moyen de brous-
sailles. Les fourrages consommés sur place tous les deux ans
conservent la terre en fort bon état de production. Au bout
de six ans, l'écobuage a été recommencé, et a ainsi rendu
excessivement productive une terre qui était abandonnée il
y a une douzaine d'années.

M. Randall élève des courtes-cornes de pure race, et a un
troupeau provenant de plusieurs croisements faits avec des
brebis du pays et des béliers de la race de Shropshire, aux
filles desquels ont été donnés des béliers cotteswoolds. Il a recommencé la même chose deux fois, et aujourd'hui il ne se
sert plus que de ses élèves pour béliers. Il est arrivé ainsi à
avoir des toisons pesant 7 livres anglaises lavées à dos et se
vendant 1 schelling la livre. Ses agneaux mâles sont vendus
pour la boucherie à l'âge de 12 mois, pesant en moyenne
50 kilogr. de viande nette. Ses cochons sont les plus beaux
que j'aie vus dans la Grande-Bretagne ; ils proviennent de
croisements entre les races de Berkshire, Yorkshire et Essex
napolitaine. A l'âge de 12 à 15 mois, ils pèsent de 350 à
400 livres, viande nette.

Une chose qui mérite d'être imitée est la manière d'engraisser les moutons usitée dans cette exploitation. On les
partage dans des compartiments qui n'en contiennent que
six chacun. On leur donne, matin et soir, pour toute litière,
une forte brouette d'argile brûlée, qui est placée comme un
silo derrière la bergerie, et simplement couverte de paille,
comme le sont les meules, afin d'être entretenue à l'état sec.
On n'ôte cette litière qu'au printemps; on la pulvérise après
l'avoir laissée sécher, et on s'en sert pour les récoltes sarclées,
en la répandant, à l'aide du semoir, en même temps que la
graine. L'efficacité de cet engrais doit être bien grande, car

je n'ai vu que bien rarement d'aussi beaux Rutabagas, Navets et Betteraves, sans clairière aucune, dans les vastes
champs de cette exploitation.

D'Évesham on prend la voiture de Worcester, qui en est
à 12 milles ; de là le chemin de fer de Birmingham conduit
à Londres.

13° et 14° Si l'on voulait encore voir d'autres fermes pas
trop éloignées, ce serait d'abord celle de Woburn-Abbey, dans
le comté de Bedford. C'est une des résidences du duc de
Bedford, qui y a une culture fort remarquable ; on peut y
aller de Londres le matin et en revenir le soir, de même qu'à
Triptree-Haal, propriété de M. Méchy. On s'y rend par l'embarcadère de Shoreditch-Station, et on prend sa place pour
Keledon.

DES PSEUDO-COPROLITES

OU PHOSPHATES DE CHAUX FOSSILES.

J'avais vu, à l'exposition de Londres, un grand nombre
d'échantillons de pseudo-coprolites qui avaient été exposés
par différentes personnes ; parmi ces échantillons, il y en
avait venant d'Estramadure et du nord de l'Amérique ; plusieurs de ces derniers contenaient, au dire des exposants,
de 80 à 90 pour 100 de phosphate de chaux.

Je suis allé faire une visite à celui des exposants qui avait
le plus d'échantillons, M. Nesbit. Il m'a dit que, outre la quantité très-considérable de ces pseudo-coprolites qu'on tirait
des environs d'Ipswich, on en avait découvert sur bien des
points de l'Angleterre, entre autres près de Norwich en Norfolk,

dans les environs de Folkstone, comté de Kent, à Farnham, dans celui de Surrey, à Eastbourne en Sussex, dans l'île de Wight, et enfin dans le comté de Dorset à Sutton-Waldron. Il en a trouvé, sur la côte de France, entre Calais et Boulogne, près d'un village nommé Villons. Ce n'est qu'à marée basse qu'on peut les découvrir dans cette localité; il en a vu aussi près du cap de la Hève dans le voisinage du Havre, et prétend qu'il y en a beaucoup en Champagne.

M. Nesbit m'a dit qu'on trouve des bois fossiles qui contiennent autant de phosphate de chaux que les os; il m'a montré des cailloux roulés qui en ont de 18 à 26 pour 100, et des marnes de 15 à 20.

Il m'a donné sept échantillons provenant d'autant de localités différentes, parmi lesquels s'en trouvait un qu'il a sorti d'une caisse qui venait de lui arriver de New-York.

J'ai vu, dans son jardin, des Navets dont une partie avait été fumée à raison de 100 kilogr. de guano par acre, et l'autre avec 200 kilogr. de superphosphate formé par deux tiers de coprolites et un tiers d'acide sulfurique.

Les Navets venus sur la seconde fumure étaient évidemment meilleurs, et les deux engrais revenaient au même prix.

M. Nesbit a fait un très-grand nombre d'analyses de pseudo-coprolites, qui ont prouvé qu'il en existe une si grande quantité ayant de 50 à 60 pour 100 de phosphate de chaux, qu'on a renoncé à pulvériser ceux qui en contiennent moins de 50 pour 100.

Il m'a assuré qu'on emploie maintenant, en Angleterre, une quantité considérable de ces phosphates fossiles, pour fertiliser les terres.

En visitant la ferme du collége agricole de Cirencester avec M. Valentine, directeur des cultures, il m'a fait voir une meule verticale en fonte qui, avec ses accessoires, coûtait 1,000 francs : elle est mise en mouvement par la machine à vapeur qui sert de moteur à la machine à battre, ainsi qu'au moulin, au hache-paille, etc., etc.

Il me dit que cette meule avait été établie pour pulvériser les pierres de phosphate de chaux, dont il avait fait venir 25 tonnes des environs d'Ipswich, malgré la grande distance qui en fait monter le port à **18 fr. 62 cent.** la tonne. Il en coûte environ **8 fr.** pour les réduire en poudre; le prix d'achat étant de **40 fr.**, cela les porte à **66 fr. 62 cent.** les **1,000** kilogr. Il ajouta qu'il ne s'était décidé à employer une aussi grande somme à faire venir des pseudo-coprolites que parce qu'après avoir essayé cet engrais pendant deux ans il en avait reconnu les bons effets.

M. Valentine m'a fait voir ensuite un essai comparatif de deux fumures, l'une avec **16** tonnes d'excellent fumier pour **40** ares, et l'autre composée de **75** kilogr. de guano, avec **150** kilogr. de superphosphate de coprolites; la dépense était pareille, la tonne de fumier étant estimée **6 fr. 25 cent.**, et les Rutabagas de la deuxième fumure étaient bien meilleurs.

Je me suis rendu de Londres à Ipswich, afin de visiter la fabrique établie pour pulvériser les pierres de phosphate de chaux, ainsi qu'une des nombreuses fouilles faites pour se les procurer.

M. Paccard, auquel je fus adressé, me fit voir son usine, qui se compose d'une machine à vapeur de la force de **20** chevaux, d'un bocard pour casser les coprolites assez menu pour être moulus par deux paires de meules ordinaires munies de leurs bluteries, car il est essentiel de les réduire en poudre très-fine.

Ce fabricant m'a dit qu'il vendait les pierres de phosphate de chaux **40 fr. 60 cent.** les **1,000** kilogr.; une fois réduites en poudre, il en obtient **62 fr. 50 cent.**; il vend le superphosphate de ces coprolites **125 fr.**, et enfin **150 fr.** le superphosphate composé, pour un tiers, avec des os. Il a vendu, l'an dernier, **2,000** tonnes de coprolites, dont un tiers dans leur état naturel, et le reste en poudre.

M. Paccard me dit ensuite qu'il allait conduire un fabricant d'engrais, qui était venu du comté d'York pour lui acheter des coprolites, dans une ferme appartenant à M. Robert Knippe, nommée Cobbeld-Lodge, et qui est située à 10 milles d'Ipswich et à 2 milles de la petite ville de Woodbridge, voulant lui faire voir l'extraction des coprolites, et qu'il m'y conduirait, si cela me convenait. Nous allâmes donc voir les fouilles très-considérables entreprises sur cette ferme, il y a déjà quelques années.

Les pseudo-coprolites sont placés sur une couche horizontale d'argile de Londres; ils ont une épaisseur variant depuis quelques pouces jusqu'à 2 pieds. Comme le terrain est fort accidenté, on les trouve quelquefois à 1 mètre de profondeur; mais, le plus habituellement, ils sont recouverts d'une assez grande épaisseur de terre qu'on enlève au moyen de petits chemins de fer portatifs. J'ai mesuré une fouille qui avait 10 mètres de terre au-dessus des coprolites. Ces derniers sont ordinairement recouverts d'une couche de pierres ayant environ 66 cent. d'épaisseur : elles sont d'une nature argileuse, et, lorsqu'on les expose à la gelée, elles se désagrégent: on nous a dit qu'elles contenaient 5 pour 100 de phosphate de chaux.

Entre ces pierres et la surface il y a toujours une ou deux couches formées de débris de coquillages, parmi lesquels il y a quelques coprolites très-petits.

Une fois les pseudo-coprolites sortis de terre, on les lave; ensuite ils sont passés au crible; on les met en tas pour les laisser sécher, puis les repasser au crible; on les étale sur des tables, où des enfants en séparent les cailloux; on finit par les mettre en tas, jusqu'au moment de les peser pour les livrer aux acheteurs; M. Paccard en a eu, l'an dernier, 250 tonnes de M. Knippe.

Le régisseur nous dit que la ferme se composait de 320 hectares d'une terre très-sablonneuse et maigre ; on n'y tient que fort peu de bêtes à cornes, 300 brebis dont les agneaux sont vendus âgés de 5 ou 6 mois, et 20 chevaux de travail; on y cultive 40 hectares en chicorée à café, plante fort épuisante, **20** hectares en Pommes de terre, et autant en Navets, Rutabagas et Carottes.

On emploie pour ces récoltes le peu de fumier qu'on fait, et l'on y ajoute, depuis quatre ans, du superphosphate de coprolites et un peu de sulfate d'ammoniaque; mais je n'ai pu apprendre la quantité de ces engrais employée par hectare.

M. Lawes de Rothamsted, près Saint-Albans, fabrique maintenant un engrais qu'on dit contenir moitié phosphate de chaux fossile; il en a vendu, l'an dernier, plus de **5,000** tonnes à raison de **220** fr. l'une, et plusieurs des meilleurs fermiers du comté de Norfolk m'ont assuré être contents de son effet, après un essai de deux ans.

J'ai entendu, lors du dîner de la Société royale d'agriculture d'Angleterre, à Windsor, un membre du parlement, **M.** Denyson, dire, à cette réunion, que l'on venait de découvrir, dans les États de New-York et de New-Jersey, une étendue considérable de roches, contenant de **80** à **90** pour **100** de phosphate de chaux, qui, par sa situation sur les bords du lac Champlain, pouvait être transporté par eau jusqu'en Angleterre et y être vendu à un prix moins élevé que les engrais de cette nature connus jusqu'à présent.

NOTES AGRICOLES.

— *Nourriture et engraissement du bétail.* — Une génisse qui pèse de **160** à **180** kilogr., et qu'on veut engraisser, consommera habituellement en vingt-quatre heures **1** kilogr. de farine de graine de Lin bouillie dans **16** litres d'eau pendant une couple d'heures, **2** kilogr. et **1/2** de farine de Fèves ou Pois mêlée avec de la farine d'Orge ou autres mêmes grains, **5** kilogr. de paille hachée et **40** à **45** kilogr. de Navets, ou mieux de Betteraves ou de Rutabagas. Le prix de cette nourriture, dans le comté d'York, s'élève à 5 fr. 40 cent. par semaine.

On donne, à six heures du matin, de 20 à 22 kilogr. de racines coupées, à dix heures moitié de la ration préparée comme ci-devant, à 1 heure la ration de racines comme à six heures du matin, à cinq heures du soir la seconde moitié du mélange, et le soir un peu de paille pour la nuit. Si un animal ne consomme pas toute la ration, on enlève soigneusement ce qui reste, pour le donner aux bêtes le plus en appétit. On s'est aperçu que pour bien faire il fallait priver les animaux, le dimanche, de la décoction de farine, et ne leur donner que des racines et de la paille ou du foin ; il est inutile de dire que la propreté et la régularité sont indispensables pour réussir. Des génisses nourries ainsi augmentèrent, en moyenne, de 7 kilogr. par semaine ; deux d'entre elles profitèrent, chacune, de 160 kilogr. en seize semaines.

De jeunes bœufs également âgés de 3 ans mangèrent moins et eurent besoin de plus de temps pour arriver à un état convenable. Les chevaux de travail obtenaient la même ration le matin, à midi et le soir; on y ajoutait 5 livres d'Avoine ou de Fèves broyées lorsque l'ouvrage était plus fort et les jours plus longs. Depuis trois ans et demi que les chevaux ont reçu cette nourriture, ils ont parfaitement travaillé et n'ont pas été malades.

Le fumier résultant de cette nourriture est de qualité supérieure et augmente annuellement les produits de la ferme.

M. John Huxton, de Sawberhill, près Noethallerton, a essayé cette méthode de nourrir le bétail depuis le mois de décembre 1844; il s'en est si bien trouvé, qu'il a fait confectionner un appareil pour la cuisson de ce genre de nourriture, au moyen duquel il peut maintenant nourrir 76 bêtes à cornes et 100 bêtes à laine.

Pour être sûr si ce nouveau genre d'engraisser le bétail valait mieux que l'ancien, il acheta 16 bêtes sans cornes d'É-

cosse, qu'il partagea en deux lots bien égaux; il donna au premier lot 12 kilogr. de tourteaux de Lin, 490 kilogr. de Turneps, ce qui joint aux soins journaliers lui revient à 8 fr.
50 cent. par tête et par semaine. Le second lot eut une ration cuite comme il est dit ci-dessus, et 245 kilogr. de Turneps, ce qui coûta 8 fr. 45 cent. par semaine, y compris le
charbon. On vendit les animaux à la même foire, et on obtint pour résultat 58 fr. de plus pour le lot nourri à la nouvelle manière. M. Huxton est persuadé qu'avec cette méthode
on peut nourrir le double de bétail avec la même quantité de
Turneps, et que l'on peut se passer complétement de racines
en augmentant la quantité de farine et de paille.

M. Thompson, esq. of Moat Hall York, rend le compte suivant d'un essai comparatif fait entre les deux modes de nourriture : comme il était content de l'engraissement aux racines et aux tourteaux de Lin avec Fèves, il ne voulait pas
l'abandonner sans être sûr que la nouvelle méthode était
préférable. Il choisit d'abord les deux jeunes bœufs qui faisaient le mieux dans un lot considérable qui était à l'engrais; il
leur continua l'ancienne nourriture. Les deux bœufs qui ve-
naient le mieux après les premiers eurent la nourriture
nouvelle; ils pesaient emsemble 1,000 kilogr. : au bout d'un
mois et quatre jours, ils avaient augmenté de 64 kilogr. Le
premier lot, qui n'avait pas changé de nourriture, pesait
1,083 kilogr. après le même espace de temps, et n'offrait
qu'une augmentation de 50 kilogr. et 1/2. Comme il était
persuadé que ce lot devait profiter davantage que le précédent, il les nourrit, le mois suivant, tous quatre avec la nouvelle nourriture. Ceux qui, la première fois, avaient gagné
davantage augmentèrent de 60 kilogr. et 1/2, et ceux qui, avec
l'ancienne nourriture, avaient profité moins que les précédents gagnèrent 88 kilogr. et 1/2, ou 18 kilogr. de plus que
les autres. Avec l'ancienne nourriture ils n'avaient gagné en
trente-quatre jours que 50 kilogr. et 1/2, et avec la nouvelle,
en trente et un jours, 88 kilogr. et 1/2; différence de 38 kil.
qui prouve suffisamment en faveur de la nouvelle méthode.

Les brebis et les agneaux font très-bien avec ce genre de nourriture. Il donne beaucoup de lait aux brebis, et les agneaux profitent à vue d'œil.

M. Marchal dit que, lorsqu'on a du foin poudreux, échauffé, ou enfin de mauvaise qualité, on le fait consommer, avec profit et sans inconvénient, au moyen de la sauce en question.

M. Furnis a lu, au club des fermiers de Bakevell, sur la nourriture des bestiaux, un mémoire dont voici quelques extraits :

Une des causes qui contribuent fréquemment à l'insuccès des fermiers, c'est que beaucoup d'entre eux ne savent pas choisir les bonnes espèces de bétail qui pourraient prospérer dans les conditions où se trouve leur ferme; il faut donc s'étudier à choisir une race convenable.

Voici, d'après lui, les soins à prendre des veaux, à partir du moment de leur naissance. Dans la première semaine, on donne au jeune veau 4 litres et 1/2 du lait de sa mère, en trois repas qu'on réduit à deux pour la deuxième semaine, en lui donnant la même quantité totale de lait. Dans la deuxième semaine, on augmente cette quantité de lait d'une moitié en sus. Le second mois, on donnera la même mesure de lait écrémé dans lequel on aura délayé 2 litres de farine de bon tourteau de Lin, ou de farine de graine de Lin. Pendant le troisième mois, on réduit de moitié le lait écrémé, et on porte la farine de tourteau à 5 ou 6 litres; à l'âge de 5 semaines, on a dû lui donner un peu de foin. A 3 mois on peut supprimer le lait et le gruau, et les remplacer par une ration plus considérable de bon foin, par des Betteraves ou Rutabagas, auxquels on ajoutera de 250 à 500 grammes de tourteau de Lin, régime qu'on continuera jusqu'à ce qu'on mette le veau à l'herbe. Il faut, à partir du mois d'octobre, rentrer les veaux de 1 an dans de bonnes étables, au moins pendant la nuit et le mauvais temps.

On ne saurait trop se pénétrer combien il est essentiel de bien nourrir les jeunes animaux et combien on perdrait à faire le contraire.

Si on manque de foin, on pourra donner de la paille aux
bêtes de 2 ans, à condition d'augmenter les racines et les
tourteaux. Il faudra au moins de 12 à 18 kilogr. de racines
et 1 kilogr. de tourteaux, et le double de tourteaux, si on
manquait de racines; il faut les garantir du froid. Les génisses de 3 ans, qui doivent être pleines, recevront, jusqu'au
moment qui précédera de 1 mois le part, 40 litres de Rutabagas et 2 kilogr. de tourteaux mêlés à de la paille coupée;
on remplacera ensuite la paille par du foin, en ayant soin de
les tenir à l'abri du froid. On ne saurait trop bien nourrir les
vaches à lait ; on peut leur donner des Choux, ou 18 litres de
Navets; si on en donnait davantage, le lait en prendrait le goût.
Les Betteraves leur conviennent mieux, ainsi que de la farine
d'Avoine avec du son, un peu de farine de Fèves ou Pois, ce
qui rendra le lait et le beurre excellents et abondants, et tien-
dra la vache en bon état. La chaleur est encore plus essen-
tielle aux vaches qu'aux autres bêtes. Quand elles ne donnent
plus de lait, elles n'ont pas besoin d'une nourriture aussi
abondante ; mais cependant il est essentiel de les entretenir
en bon état pour le moment où elles vêleront, car sans cela
elles ne donneront pas de profit comme vaches laitières.

Les jeunes bœufs âgés de 30 mois, qu'on veut engraisser,
doivent être rentrés à l'étable au commencement de novem-
bre. On leur fera d'abord consommer des Navets ordinaires,
puis des Navets jaunes, des Rutabagas, enfin des Betteraves ;
on ajoutera à ces racines de la farine de drêche ou Orge germée, de la farine d'Avoine, de Fèves ou Pois, ou de Maïs, du
foin et de la paille coupés, enfin des tourteaux. Les quantités
à donner dépendent de la paille et de l'appétit des animaux.
La variété de la nourriture fournie aux bêtes à l'engrais leur
sera plus profitable que la meilleure espèce de nourriture
donnée continuellement.

Graine de Melons. — M. Vilmorin conseille de conserver
toute la graine des Melons que l'on a remarqués pour leur
bonté, et de ne semer pendant plusieurs années que celle du
meilleur que l'on a mangé.

— *Culture du Colza.*— M. Houdellière m'a dit qu'il trouvait, après avoir étudié pendant une année entière la culture de la Belgique, que la manière d'y cultiver le Colza n'y était pas si bien entendue que dans la plaine de Caen, qu'il a aussi habitée pendant une année. En Belgique, on tient très-rapprochés les plants de Colza, lorsqu'on les repique, ce qui rend le sarclage très-difficile ; d'un autre côté, les plantes, étant très-resserrées, ne peuvent pas se garnir de siliques à partir de terre; elles manquent d'air. Dans la plaine de Caen, on repique aussi le Colza au plantoir, mais on le met en lignes séparées de 50 centimètres; on lui donne plusieurs façons avec la houe à cheval et à la main; on lui donne de fortes fumures dans lesquelles entrent beaucoup de tourteaux de Colza, ce qui assure des récoltes plus considérables qu'en Belgique. On obtient, dans la plaine de Caen, depuis 30 jusqu'à 46 et même 48 hectolitres de Colza, tandis qu'en Belgique on m'a dit que les récoltes de cette graine étaient de 25 à 35 hectolitres.

— *Croisemènts de bêtes à laine.* — M. Seydoux, qui a longtemps dirigé, comme associé de M. Paturle, la grande manufacture de mérinos de Cateau-Cambrésis, s'est occupé, avec suite et intelligence, du croisement des brebis mérinos avec des béliers dishleys. Il m'a dit que, pour avoir une laine longue assez fine et convenable pour faire du mérinos, il fallait croiser un newleicester avec une brebis mérinos de Saxe, prendre un bélier provenant de ce croisement et lui donner encore des brebis saxonnes ; qu'il ne fallait pas tondre les agneaux du second croisement, mais qu'il faut attendre, pour la première tonte, qu'ils soient devenus antenois. Cette laine est longue et fine, et conviendrait beaucoup à sa fabrique ; mais, pour avoir une laine encore supérieure, il faut donner un bélier de second croisement à des brebis saxonnes et tondre leurs produits lorsqu'ils sont antenois. M. Seydoux a importé d'Angleterre des brebis newleicesters, dont les produits vont au pâturage avec le reste du troupeau, et qu'il prétend n'être pas dégénérés. Il a aussi importé un taureau et une

4

vache courte-corne dont la progéniture existe toujours dans
sa ferme près du Cateau ; ses vaches sont fort bonnes laitières.

— *Sociétés de chimie agricole.* — Il s'est formé, en Angleterre, des sociétés dont les membres, en souscrivant pour une
guinée ou 26 fr. 25 c. par an, ont le droit de faire analyser
à très-bon marché, par un chimiste distingué et connu par
sa loyauté, les divers objets dont ils ont besoin de connaître
la composition. En outre, il existe des sociétés ou des clubs
de fermiers qui ont leur chimiste attitré, qui reçoit des ap-
pointements pour consacrer son temps à des analyses d'objets
regardant la culture, ce qu'il fait à des prix très-réduits.

— *Eaux ammoniacales de gazomètre.* — On emploie avec
le plus grand succès les eaux ammoniacales des usines à gaz,
en les mélangeant avec cinq fois leur volume d'eau, quantité
que l'on peut un peu réduire, si le temps est pluvieux. Il est
préférable de s'en servir par un temps couvert, au moment
où l'herbe commence à pousser, soit après l'hiver, soit après
la fauchaison.

— *Engrais composé.* — M. Gardner de Barochan, dans
le comté de Renfrew, en Écosse, qui est un excellent cultivateur, emploie avec succès, depuis cinq ans, un engrais dont
voici la composition : on prend 200 kilog. de noir animal ou
d'os brûlés, auxquels on ajoute assez d'eau bouillante pour
que cela forme une bouillie assez liquide ; après avoir ajouté
100 kilog. d'acide sulfurique ou d'acide muriatique, on remue bien le tout, puis on laisse, au moins pendant vingt-
quatre heures, cette préparation dans le tonneau, en la re-
muant fréquemment ; on ajoute à ce premier mélange
100 kilog. de carbonate ou sulfate de magnésie, autant de
sulfate ou de muriate d'ammoniaque, 200 kilog. de sel ou
de carbonate de soude, enfin 100 kilog. de potasse ; il faut
remuer suffisamment pour que le mélange soit bien complet ;
ensuite on laisse reposer de dix à douze heures ; si on veut
employer cet engrais seul, on le mélange alors avec de la
sciure de bois, de la poussière de tourbe, ou toute autre ma-

tière pouvant absorber l'humidité; on le passe dans une claie
fine, de manière à ce qu'il n'y ait pas de mottes, et qu'on
puisse le semer facilement et également. Mais, si on a du
guano à sa disposition , on en mettra en place de sciure de
bois; il faudra mettre 300 kilog. de guano avec la dose ci-
dessus indiquée, et ce mélange aura l'avantage d'empêcher
l'évaporation de l'ammoniaque contenue dans le guano.
M. Gardner cite les exemples suivants pour faire connaître le
mérite de la composition qu'il indique.

Il a mis dans un champ de 1 hectare, qui était une argile
de moyenne consistance, et qui venait de donner une Avoine,
sur un défrichement de pâturage qui avait duré deux ans,
60,000 kilog. de fumier qui avaient coûté 525 fr. Le produit en
fut de 68,500 kilog. de Rutabagas. 1 hectare de terre fut fumé
avec 30,000 kilog. de fumier, 300 kilog. de guano du Pérou,
autant de râpure de cornes, 200 kilog. de noir animal et
100 kilog. de chacune des substances suivantes : acide sulfurique, carbonate de magnésie, sulfate de soude, muriate
d'ammoniaque et sel ordinaire; le tout, ayant coûté 453 fr.,
a produit 92,500 kilog. de Rutabagas. Le même engrais, dans
lequel on a substitué au muriate d'ammoniaque du sulfate
d'ammoniaque, et à l'acide sulfurique de l'acide muriatique,
a donné 1,200 kilog. de Rutabagas en plus. Un quatrième
hectare de terre, qui avait reçu le même mélange, mais sans
noir animal ni acide, a donné 18,000 kilog. de moins.

Le mélange du guano avec des composts et surtout avec
du fumier est nuisible, car la fermentation fait évaporer la
plus grande partie de l'ammoniaque.

M. Gardner a expérimenté le produit des Betteraves globes
jaunes avec divers engrais.

1 hectare de terre qui n'a point reçu d'engrais a produit. . . . .   30,000 k. de Betteraves.

1 hectare de terre qui a reçu
20,000 kilog. de fumier a produit.   55,000   —

1 hectare de terre qui a reçu

20,000 kilog. de fumier et 300 k. de guano a produit. . . .	72,000 k. de Betteraves.
1 hectare de terre qui a reçu 700 kilog. de tourteaux de Colza a produit.	41,000 —
1 hectare de terre qui a reçu 10 hectolitres de poussière d'os a produit.	40,000 —
1 hectare de terre qui a reçu 300 kilog. de guano a produit.	41,000 . —

En général, tous les bons agriculteurs de la Grande-Bretagne recommandent le mélange des engrais pour fertiliser les terres, de même qu'ils conseillent très-fortement le mélange des divers aliments pour l'élevage et l'engraissement du bétail.

— *Plantation du Froment.* — On plante beaucoup de Froment, au lieu de le semer à la volée ou au semoir; on peut ainsi sarcler bien plus complétement. Un des avantages de ce mode de culture est le tassement des terres trop légères pour cette céréale, ou de celles qui souffrent de la présence des diverses espèces de vers dans les terres, qui déchaussent les plantes lors des gelées et dégels du printemps; ou bien enfin des terres où les Trèfles et autres gazons, retournés par le labour, ne sont pas complétement rassis. Ce tassement, souvent indispensable et toujours utile au Froment, est produit par le piétinement d'un homme suivi de trois garçons qui plantent le Blé. Ces quatre personnes planteront 1 hectare de terre en cinq ou six jours. Dans le pays d'où est l'écrivain de cet article, et où un bon ouvrier gagne 2 fr. par jour, cela revient de 22 fr. à 25 fr. 50 c. par hectare, si on plante deux lignes sur le milieu de chaque tranche; si, au contraire, on n'en veut mettre qu'une, on a soin alors de faire des tranches très-étroites, et cela ne coûte que de 15 à 17 fr. l'hectare.

Le planteur se sert d'un double plantoir, il marche à reculóns, et après avoir enfoncé le plantoir, qui ne doit pas pénétrer en terre à plus de 6 centimètres, et qui, pour cela, se trouve garni, à la hauteur voulue, d'un rebord qui l'empêche de s'enfoncer trop. Le planteur doit imprimer à son outil, lorsqu'il est enfoncé, un balancement qui empêche la terre de reboucher le trou en y retombant. Lorsqu'on met deux lignes sur un sillon, on les sépare par 5 pouces anglais, et dans la ligne les trous doivent être espacés de 3 à 5 pouces. On emploie, pour planter 1 hectare, de 90 à 100 litres de Froment. On a inventé des plantoirs qui lâchent la semence dans les trous : il y en a de plusieurs sortes; celui du *docteur* est, sans contredit, le meilleur. Il coûte 112 fr. 50 c., et un homme peut ensemencer, en s'en servant, 40 ares par jour. La houe, pour sarcler ensuite, coûte 31 fr.

— *Volailles.* — On recommande, en Angleterre, comme une des meilleures espèces de volaille, celle connue sous le nom de *Dorking,* ville du comté de Surrey; on assure que cette espèce provient de Normandie. Quelques poules de la race de Cochinchine arrivent au poids de 4 à 5 kilogr.; elles sont très-fécondes en œufs. On assure qu'elles donnent souvent deux et même trois œufs en vingt-quatre heures. On recommande le croisement de cette race avec l'espèce précédente. Les poules noires d'Espagne sont très-bonnes et donnent beaucoup d'œufs. L'espèce de poules communes est tellement inférieure aux précédentes, tant pour la chair que pour la quantité d'œufs, qu'on ne comprend pas qu'on puisse la conserver. Pour bien réussir dans l'élève des volailles, il faut absolument renouveler les coqs chaque année.

— *Désinfection des matières fécales.* — On se sert avantageusement des cendres de charbon de terre sortant du foyer pour opérer cette désinfection. On emploie également l'argile calcinée ou des gazons à moitié brûlés.

— *Fumure pour les Navets.* — Un excellent fermier écossais, M. E. Wagstaffe, of Westerlow, près Huttey et Aberdeen, avait l'habitude, jusqu'en 1844, de mettre, pour ses Navets, 40,000 kilogr. de fumier par hectare, auxquels il ajoutait près de 6 hectolitres de poussière d'os. Depuis il emploie la même

quantité de fumier, mais il a réduit à **125** kilog. les os pulvérisés. Après que les os ont été humectés, on y ajoute **60** kilogr.
d'acide sulfurique. Au bout de quelques jours, on mélange ce
superphosphate avec **180** litres d'eau contenue dans un tonneau défoncé, qu'on a placé auprès du tas de fumier de
40,000 kilogr. On ajoute ensuite à la mixtion ci-dessus dé-
crite assez d'eau pour humecter complétement le fumier, mais
de manière à ce que le liquide ne s'en écoule pas; puis on
recouvre le fumier d'une forte couche de terre. De cette manière, tout en économisant **25** fr. par hectare, on a obtenu des
récoltes qui ont été estimées, par de bons juges, valoir **50** fr.
de plus que celles qu'on obtenait précédemment.

— *Engrais liquides.* — On dit, en Angleterre, que, si l'application d'une certaine dose d'engrais pulvérulent sur un
herbage produit une augmentation d'une certaine quantité de
fourrage, celle de la même quantité d'engrais dissoute dans
l'eau et employée en arrosements sur l'herbage a donné une
augmentation quintuple.

— *Noir animal.* — M. Durand de Bois-Habert me mande
qu'après avoir humecté **2** hectolitres de Froment et les avoir
roulés dans une égale quantité de noir animal il s'en servit
pour semence. La partie du champ où ce Blé ainsi préparé fut
semé était infiniment plus belle que celle où l'on avait semé
du Froment seul, mais où l'on avait répandu, auparavant, du
noir animal à raison de **4** hectolitres par hectare.

Il me dit aussi qu'ayant roulé des graines de Betterave dans
du noir animal, au moment de les semer dans une ligne d'un
champ dont le restant fut semé avec de la graine seule après
une bonne fumure, la ligne pralinée avec du noir a produit le
double des voisines.

—*Production de Blé.*—M. Henri Colman, Américain, qui
est venu étudier, pendant cinq années, l'agriculture de l'Angleterre et du continent européen, dit qu'on lui a cité en Angleterre, comme le produit moyen d'une année très-produc-
tive sur une grande ferme, **44** hectolitres **38** litres de Froment
par hectare, et que, dans un rapport fait à la Société royale

d'agriculture d'Angleterre, on parle d'une récolte de 71 hectolitres de Froment comme le produit d'un hectare.

— *Maladie des Pommes de terre.* — M. Prideaux, chimiste
agricole, fait les recommandations suivantes pour se préserver
de l'altération des Pommes de terre.

Se procurer, pour semence, des Pommes de terre venues
dans des bruyères récemment défrichées, ainsi que dans des
terres tourbeuses; les fumer, de préférence, avec de la suie,
ou, à défaut, avec des cendres ou de la tourbe carbonisée ou
des cendres d'argile; ne jamais se servir, pour semence, de
Pommes de terre venues sur une fumure; enlever les fleurs
des Pommes de terre destinées à être ensemencées; les arracher avant leur complète maturité, mais cependant pas avant
que la peau ne tienne contre le frottement des doigts; couper
les Pommes de terre avant que les germes ne se développent;
conserver, pour planter, le côté garni d'yeux et saupoudrer la
coupure avec du plâtre.

— *Prix des Turneps et Rutabagas.* — Les fermiers du
pays nommé East-Lothian vendent les racines pour être
consommées sur leurs fermes; les Rutabagas à raison de 250 à
300 fr. par 40 ares, et les Navets depuis 200 à 250 fr. Ce sont
des bouchers ou des marchands de bestiaux d'Édimbourg et
des environs qui les achètent pour les faire consommer sur les
lieux de production par des animaux qu'ils y envoient. Les
bouchers de Londres n'atteignent pas ces prix d'achat, quoiqu'ils vendent leurs bestiaux plus cher que leurs confrères
d'Écosse. Le produit moyen de ces récoltes sarclées est de
20 à 24 tonnes par 40 ares, ce qui ferait depuis 50 à 60,000 k.
par hectare.

— *Cultures du prince Albert.* — Le prince que la reine
d'Angleterre a choisi pour époux s'occupe avec grand intérêt
des progrès de l'agriculture et contribue à son perfectionne-
ment autant que possible. Il fait valoir trois fermes situées près
du château de Windsor; la première est cultivée à la manière
du pays, la seconde à la manière du Norfolk, et la troisième à
la flamande. Le prince assiste aux concours de la Société

royale d'agriculture d'Angleterre et dîne avec ses membres. Il fait faire des ventes annuelles de bestiaux qui ont été élevés ou engraissés dans ses fermes. On a vendu, en décembre dernier, dans la ferme de Norfolk, cent cinquante-cinq southdowns, quatre-vingt-sept bêtes à cornes grasses ou élevées, et des poulains presque de pur sang. Tous ces animaux ont trouvé des acquéreurs à des prix avantageux.

— *Sang et engrais divers.* — M. Théret m'a dit avoir employé avec le plus grand succès le sang desséché mis à raison de 800 kilogr. par hectare, mais que l'effet de cet engrais ne durait qu'une 'année; il le payait, il y a quelques années, 20 fr. les 100 kilogr. M. Mariot, qui en est aussi très-satisfait et qui l'emploie à la même dose, l'a payé 14 fr. il y a deux ans, et depuis, 12 et même 10 fr.; il dit que la seconde récolte, après cette fumure, avait été aussi plus belle que celle du champ voisin, qui avait été fumé abondamment. Ces deux messieurs sont aussi contents de l'engrais musculaire, mais ils lui préfèrent le sang desséché; ces deux engrais se trouvent à l'abattoir de la plaine des Vertus, ou au dépôt, chez M. Cambacérès, rue d'Hauteville. M. Théret vient de cultiver une ferme de Champagne qui était en mauvais état, et il lui a fait produire de fort belles récoltes de grains en mettant 300 kilogr. de guano du Pérou par hectare.

M. Chambardel m'a dit employer avec grand succès les tourteaux de suif à la fertilisation de ses terres.

— *Chaulage.* — *Carie du Froment.* — On fait fondre 500 grammes de vitriol bleu dans 30 litres d'eau bouillante; on remplit à moitié un cuvier, ou des tonneaux défoncés par un bout, d'eau et de ce liquide; on y verse, petit à petit, le Froment, pendant qu'une personne remue le contenu du cuvier; on écume ce qui surnage. On doit laisser au moins 10 centimètres de liquide au-dessus du grain, car celui-ci, en se gonflant, sortirait de la lessive et n'en profiterait pas assez; on laisse tremper vingt-quatre heures, et seulement douze, si l'on était pressé. On sort le grain dans des paniers qu'on laisse bien égoutter sur un tonneau vide; puis on vide le panier sur un plancher ou un carrelage uni. On laisse le grain en tas pendant la nuit pour semer au matin, ou depuis le matin à midi pour semer l'après-midi ; on évite de le saupoudrer de chaux, ce qui nuit à la santé, aux yeux et aux mains du semeur. Lorsqu'on sème une terre de bruyère après un défrichement récent, on mélange la semence avec 4 ou 5 hectolitres de noir animal par hectare ; on obtient ainsi de superbes récoltes en tous genres.

Un cultivateur anglais a publié qu'ayant aspergé du Froment avec de l'eau bouillante dans laquelle il avait délayé de la chaux, comme c'est généralement l'usage, il en avait semé une partie le jour suivant ; mais la pluie l'ayant empêché de continuer, il ne put recommencer ses semailles que trois semaines plus tard. Il se trouva que le Froment semé le lendemain du chaulage avait beaucoup d'épis cariés, et que celui qui avait été semé trois semaines plus tard en fut complétement exempt. Depuis lors, il y a de cela bien des années, il a toujours semé trois semaines après avoir chaulé la semence, et il ne lui est jamais arrivé, depuis qu'il en agit ainsi, d'avoir du Blé carié.

— *Emploi du fumier de porc.* — Les fumiers et urines de cochons sont employés, par M. Samuel Pocock, avec autant de succès que le guano pour la production des Navets, et avec un meilleur résultat que le superphosphate de chaux. Un hangar couvert lui sert pour la préparation de cet engrais. On y met d'abord une couche de cendre de charbon de terre de 30 cent. d'épaisseur, et on l'arrose avec les engrais de la porcherie, qui est établie de manière à ce que rien ne puisse se perdre. Quand cette couche de cendres est bien saturée, on en ajoute une nouvelle, et ainsi de suite jusqu'à ce qu'on atteigne une hauteur de $1^m,20$. On a soin de remanier ce compost deux ou trois fois. Cet engrais est employé, depuis plusieurs années, dans des terres très-argileuses, dans des sables et dans des terres calcaires peu profondes, et toujours avec le même succès. Avec les déjections de trois cochons dont il ne mentionne pas la taille, M. Pocock fait assez d'engrais pour fumer, à l'aide du semoir, 80 ares de terre, pour lesquels il lui faudrait six sacs de poussière d'os.

— *Maladie des Pommes de terre.* — M. Bossanguet, membre de la Société royale d'Angleterre, après avoir fait beaucoup d'expériences sur la maladie des Pommes de terrre, dit, dans son rapport fait à ce sujet à cette société, que le meilleur moyen de souffrir le moins possible de cette maladie est de planter avant l'hiver ou le plus tôt qu'on le peut au printemps, afin que la plante, choisie, autant que possible, d'une variété précoce, puisse arriver à sa maturité avant l'époque où la maladie se déclare ordinairement; dès qu'on l'a reconnue, il faut, sans hésiter, arracher les fanes, en tenant les deux pieds au-dessus des tubercules, qui alors ne profitent plus, mais ne sont pas attaqués. Il a cultivé une variété qui n'a pas été attaquée pendant trois années de suite : elle se nomme *white scotch Kidney*, ou Rognons blancs d'Écosse. La maladie attaque les tubercules de préférence dans les terrains humides et dans ceux qui ont été fumés.

— *Défrichement des herbages de qualité médiocre.* — Les bons agriculteurs de la Grande-Bretagne reprochent à la culture de ce pays, et principalement à celle d'Angleterre proprement dite, d'avoir beaucoup d'herbages qui sont loin de produire autant que s'ils étaient en terre; il ne s'agit, toutefois, que des herbages des seconde et troisième qualités, car on ne conseille pas le défrichement de ceux de première classe, tout en reconnaissant que beaucoup d'entre eux pourraient produire encore plus par une bonne culture.

Le premier reproche fait aux herbages est de ne fournir que peu d'ouvrage à la classe ouvrière. D'après des calculs exacts et des renseignements pris dans beaucoup de parties de ce pays, il paraît prouvé que les terres labourables bien cultivées donnent de cinq à huit fois autant d'ouvrage que les prairies. En prenant pour le produit d'une prairie de qualité médiocre 2,500 kilogr. par hectare, et évaluant le foin à 75 fr. pour les 1,000 kilogr. et le pâturage à 50 fr., on obtient un produit brut de 238 fr. par hectare.

Voici comme l'auteur de l'article d'où ceci est **extrait** éva-
lue le produit brut dè **1** hectare bien cultivé :

Turneps, **37,500** kilogr. (ce qui est un fort petit produit)
à 12 fr. 50 c. les 1,000 kilogr. . . .   470 fr.   c.

Orge, 32 hectolitres 30 litres, à 40 fr.
les 280 litres, et paille 2,500 kilogr. à
50 fr. les 1,000 kilogr.   575

Trèfle, 3,250 kilogr. à 100 fr. le 1,000,
et 62 fr. pour le pâturage.   437

Froment, 30 hectol. 80 litres à 62 fr.
50 c. les 280 litres, et 3,000 kilogr. de
paille.   671   25

Total du produit de quatre années. . 2,153   25
Ce qui forme un produit brut, pour
chaque année, de.   538
produit supérieur de 300 fr. à celui de l'herbage.

La dépense de main-d'œuvre est estimée, pour les Turneps,
à. . . . .   78 fr.   c.
Pour l'Orge.   71   75
Pour le Trèfle.   34   25
Pour le Froment.   81   25

                    265 fr. 25 c.

En diminuant ces 265 fr. des 300 fr. comptés pour le bénéfice brut de la terre cultivée sur celle en herbage, on obtient 35 fr. de bénéfice net ; mais, en outre, on a fait gagner
265 fr. 25 c. à des ouvriers.

Lorsqu'on veut défricher des terrains froids et argileux, ce
qu'on peut faire de mieux, c'est de les écobuer en coupant des
gazons épais, qu'on brûle, avec du bois ou du charbon, en
en formant de grands tas. On transforme ainsi des terrains
très-peu productifs en terres susceptibles de donner de bonnes
récoltes en tous genres, et même des Navets ou d'autres racines; mais on ne peut arriver à ce dernier point qu'à l'aide
du drainage.

Les terres en prairies tourbeuses sont aussi singulièrement

améliorées par l'écobuage ; cela contribue à leur donner de la consistance.

L'écobuage des prés et prairies artificielles se fait, en Angleterre, au moyen d'une grande pelle à long manche, qui a une traverse à son bout, qui sert à pousser, avec le corps, l'outil sous le gazon. Ce genre d'écobuage coûte de 78 fr. à 94 fr. par hectare.

— *Malt trempé pour la nourriture du bétail.* — Il est maintenant généralement reconnu, en Angleterre, que la drêche ou Orge germée, et puis séchée sur une touraille, nourrit infiniment mieux les animaux que l'Orge qui n'a pas subi cette opération. Rien n'est meilleur que le malt pour entretenir en bon état des béliers à l'époque de la lutte, ou pour engraisser des chevaux ; la manière la plus profitable de le faire consommer est de le donner aux animaux après l'avoir fait tremper et dans le même état où il est employé par les brasseurs. La drêche, dit-on, engraisse encore mieux les animaux que le tourteau de Lin.

— *Culture écossaise.* — J'ai vu citer la ferme d'East-Barn, près Dunbar, en Écosse, dans laquelle le fermier, M. Murray, paye 56,250 fr. pour 489 acres (je ne sais si ce sont des acres écossais de 50 ares ou des acres anglais qui ne sont composés que de 40 ares) ; cela fait 115 fr. par acre, et les autres charges au compte du fermier peuvent encore s'estimer à 8 fr. 30 c. par acre. On ne comprend pas comment les fermiers écossais peuvent payer d'aussi forts loyers, surtout quand on réfléchit que le fameux lord Kames écrivait, en **1768**, dans son ouvrage intitulé le *Gentleman farmer*, que les bœufs de ce pays n'avaient tout au plus que la force nécessaire pour supporter leur propre poids, qu'on en mettait dix devant une charrue et qu'ils étaient encore précédés par deux chevaux ; qu'on levait des tranches de terre énormes avec leur charrue informe, et que le Froment était en partie étouffé par les mauvaises herbes. On peut attribuer cet immense changement, qui a rendu une détestable culture la plus perfectionnée qui existe, du moins en grandes fermes, aux

causes suivantes : l'établissement de bonnes écoles commu-
nales, de longs baux, de bons exemples de culture donnés
par les propriétaires ou au moins les encouragements donnés
aux fermiers par les propriétaires qui ne cultivent pas par
eux-mêmes, à une étendue convenable donnée aux fermes,
à l'élévation graduelle des loyers, à la construction de bâtiments et maisons de ferme convenables.

M. Grey de Dilston, que je connais, dit, entre autres
choses, dans son rapport sur la culture du Northumberland,
que lord Grey venait de dépenser 250,000 fr. pour recon-
struire deux fermes. Dans toutes les fermes des Lothiams où
il n'existe pas de chute d'eau, les manéges des machines à
battre sont remplacés par des machines à vapeur dont on
aperçoit les grandes cheminées. M. Grey expose, comme
exemple de l'énorme augmentation qu'ont subie les fermages,
que sept fermes louées, au commencement de ce siècle, pour
139,000 fr. le sont aujourd'hui pour 301,440, et que le duc
de Roxburgh vient d'élever ses baux de 33 pour 100. Dans un
ouvrage intitulé la *Nouvelle agriculture*, on trouve rapporté
le fait suivant. Un voisin de lord Grey, à Howick, après avoir
augmenté un fermier de 25,000 fr. par an, lui demanda un
jour : Eh bien! n'avez-vous pas fait de bons bénéfices pendant votre dernier bail (ceux-ci sont ordinairement de dix-
neuf ans)? Le fermier répondit : Oh oui! j'ai mis de côté
200,000 fr.

DU DRAINAGE.

Le comité métropolitain de Londres pour l'assainissement
des terres, dans diverses publications relatives au drainage,
s'est expliqué ainsi sur les inconvénients de l'imperméabilité
du sol :

1° L'excès d'humidité dans le sol est la cause de l'humidité
de l'air et des brouillards.

2° L'humidité amène la décomposition de toutes les matières animales; elle occasionne des odeurs infectes et mal-
saines pour ceux qui les respirent; en d'autres termes, l'excès
d'humidité corrompt l'air.

3° L'évaporation de l'humidité superflue abaisse la température, amène des gelées et crée ou aggrave le mal produit
par ces soudains changements de température, qui sont si
nuisibles à la santé des hommes et des animaux.

Dans les lieux où se trouve une humidité surabondante
contenant en suspension des matières animales ou végétales
solubles, le mal produit à l'état sanitaire est si considérable,
qu'il serait à désirer que le gouvernement s'interposât pour
y apporter remède.

Voici l'énumération des avantages principaux qui provien-
dront de l'assainissement des lieux humides :

1° La présence d'une humidité surabondante dans le sol
empêche l'air d'y pénétrer et s'oppose à la libre assimilation,
par les plantes, des matières nutritives qui servent à leur développement. Le drainage y remédie.

2° Lorsque la terre est imprégnée d'eau, les matières fertilisantes qu'on lui applique pénètrent trop facilement au fond,
et sont ainsi mises hors de la portée des racines de la récolte,
ou bien l'évaporation emporte une partie des engrais; enfin,
la terre étant saturée d'eau, celle qui vient à tomber encore,
ne pouvant plus s'infiltrer, s'écoule à la surface du champ, en
entraînant au dehors les matières fertilisantes qu'elle conte-
nait et celles dont elle se charge en coulant sur la terre : ce
qui n'a point lieu lorsque le sol est assaini par le drainage.

3° En prévenant par le drainage le refroidissement de la
terre et ses funestes effets, on améliore la végétation des récoltes, car leurs racines se trouvent dans une terre échauffée
par les rayons du soleil, dont l'effet pénètre à une assez grande
profondeur lorsque la terre n'est pas imbibée d'eau.

4° L'assainissement facilite la culture, car la terre est souvent difficile à labourer lorsqu'elle est trop humide.

5° L'assainissement du sol améliore la santé du bétail,

qui, dans les pays humides, souffre souvent, de même que l'homme, de rhumes et autres indispositions, et qui y est attaqué fréquemment de la pourriture et du typhus.

6° La valeur des terres qui souffrent par excès d'humidité est infiniment diminuée par les inconvénients qui résultent de cet état.

Les méthodes anciennes employées pour l'assainissement étaient extrêmement imparfaites; non-seulement elles laissaient le sol imprégné d'eau, mais encore elles contribuaient à le dépouiller de ses parties les plus déliées, ainsi que des engrais qui se trouvaient à sa surface et dont l'eau s'emparait, en coulant sur-le-champ, pour se rendre dans le ruisseau voisin. Si l'on employait des engrais pulvérulents sans les enterrer, la première grande pluie en privait le champ dont ils étaient destinés à relever la fertilité.

La méthode de M. Smith, de Deanston, est de ne laisser aucune rigole ou raie de charrue ouverte sur le champ, afin de s'opposer le plus possible à l'écoulement de l'eau hors du champ. Il veut que, en s'infiltrant dans le sol pour arriver aux rigoles couvertes, l'eau dépose les parties fertilisantes qu'elle a apportées de l'atmosphère et celles dont elle a pu se charger en tombant sur le champ; aussi sort-elle pure des rigoles bien faites. Pour arriver à ce résultat, on n'employait dans sa culture qu'une charrue à versoir changeant très-perfectionné, et qui ne laisse pas de raies ouvertes. (M. Laurent vient de l'importer en France.) L'infiltration de l'eau qui n'enlève plus de parties fertiles, la perméabilité de la terre qui réchauffe le sol sont les causes de la grande augmentation du produit des récoltes, suite de l'assainissement complet.

Le docteur Schier, qui a édité la chimie agricole de Davy, dit qu'avant l'époque où M. Smith a fait connaître sa méthode d'assainissement on ne s'occupait généralement que de faire évacuer l'eau provenant des sources, suintements ou infiltrations, ce qui encore ne se faisait que dans des terres tellement humides, qu'elles produisaient des joncs et autres plantes aquatiques. La nouvelle méthode d'assainissement suffit habituellement à débarrasser la terre de toute humidité, de quelque provenance qu'elle soit, qu'elle vienne du sol ou de la pluie. Dans certains cas, toutefois, après avoir établi cet assainissement, on est obligé d'avoir recours à celui qui avait été perfectionné par Elkington, et qui consistait, lorsqu'on a creusé des rigoles plus ou moins profondes, à enfoncer dans ces rigoles, de distance en distance, des leviers en fer à grands coups de maillet, et à les retirer ensuite. Ces perforations du sous-sol donnent souvent passage à une grande quantité d'eau qui disparaît de la surface de la terre, où elle cause de grands dommages.

Les règles à suivre pour la formation des rigoles sont, d'abord, de les tracer dans la direction de la plus grande pente, de les faire parallèles et d'établir une rigole principale pour recevoir les autres. La distance qu'on doit laisser entre les rigoles dépend de la nature du sol et de la profondeur qu'on leur donne. M. Smith leur avait d'abord donné 2 pieds de profondeur; maintenant il admet 3 pieds et 3 pieds 1/2. M. Josiah Parkes, ingénieur consultant de la Société royale d'agriculture d'Angleterre, veut qu'on donne aux rigoles 4 et 5 pieds de profondeur, ce qui permet l'éloignement des rigoles; aussi M. Parkes les place-t-il depuis 25 à 60 pieds de distance l'une de l'autre, tandis que M. Smith les place de 12 à 36 pieds. M. Hammond, dont les cultures se trouvent au milieu des terres fortes du comté de Kent, assainissait d'abord en plaçant des rigoles profondes de 2 pieds, à 24 pieds les unes des autres; il a depuis adopté des rigoles de 4 pieds, éloignées les unes des autres de 50 pieds. Ses premiers assainissements lui revenaient à 225 fr. par hectare, tandis que les derniers ne lui coûtent que 140 fr., et il en obtient de meilleurs résultats.

Lorsqu'il assainit des terres argileuses et tenaces, il fait creuser ses rigoles au mois de février, y pose les tuyaux et les recouvre d'argile, de manière à empêcher l'infiltration de l'eau chargée de sable, puis il laisse les rigoles ouvertes pendant un ou deux mois, si le temps est sec; pendant ce temps, la terre se fend, et permet ainsi plus tôt la complète infiltration.

Les tuyaux en terre cuite, dont le diamètre est d'au moins 1 pouce *français* ou 1 pouce 1/2, sont les meilleurs et les moins chers pour faire écouler l'eau dans le fond des rigoles. Lorsqu'ils sont posés, on les recouvre d'argile assez humide pour qu'elle puisse se tasser sur les tuyaux, et qu'elle empêche l'infiltration de l'eau de la surface à travers la fouille, qui amènerait dans les tuyaux de l'eau trouble chargée de boue et de sable, par lesquels les tuyaux seraient bientôt bouchés. Il faut aussi reboucher les rigoles en piétinant la terre soigneusement, de manière que toute la terre sortie de la fouille puisse y rentrer.

Il est à remarquer que les terres les plus productives sont toujours perméables à l'eau de pluie; en amenant cette perméabilité par le drainage, on augmente infiniment la production primitive. Le sous-sol des terres assainies se trouve, au bout d'un certain nombre d'années, singulièrement amélioré par l'air qui a pu y pénétrer depuis qu'il n'est plus arrêté par l'eau. Les racines de beaucoup de plantes peuvent alors pénétrer dans ce sous-sol, et, en s'y pourrissant, plus tard elles en améliorent la qualité. Une fois amélioré, le sous-sol peut être ramené en partie à la surface, et contribuer à son tour à l'amélioration du sol de la superficie. Le produit des récoltes est aussi augmenté par la facilité donnée aux plantes d'enfoncer leurs racines jusqu'à 2 pieds de profondeur, tandis qu'auparavant elles ne pouvaient y pénétrer que de 6 à 8 pouces.

Quand le drainage est bien fait, il est toujours profitable; dans plusieurs pays, des terres dont on trouvait le loyer trop cher, à raison de 15 francs par hectare, ont valu, après l'assainissement complet et le défoncement du sous-sol, de 94 à 125 francs; d'autres terres, louées trop cher à raison de 24 francs l'hectare, sont arrivées à valoir 187 francs et même 225 francs.

Voici une des preuves les plus convaincantes du profit qu'on retire de la dépense de l'assainissement. Beaucoup de fer-

5

miers dont les baux ont dix-neuf ans de durée, n'ayant pu
décider leurs propriétaires à se charger d'exécuter cette amélioration, l'ont entreprise à leurs frais.

Les terres argileuses, qui ne pouvaient produire que du
grain et des Fèves, produisent, après l'assainissement, des
récoltes-racines au lieu d'une jachère ruineuse.

Les terres drainées souffrent non-seulement moins du temps
pluvieux, mais encore de la sécheresse que celles qui n'ont
pas reçu cette amélioration. Les champs drainés se cultivent
non-seulement plus facilement, mais aussi bien plus tôt après
la pluie ; ce qui est un grand avantage, car on peut alors semer les grains de printemps en février et en mars, au lieu de
le faire en avril et en mai, ce qui, dans les contrées où la sécheresse est fréquente et arrive quelquefois de bonne heure,
empêche le développement complet de ces grains.

Il faut moins d'engrais dans une terre saine que dans une
terre qui souffre de l'humidité.

L'assainissement des herbages humides y fait disparaître les
plantes aigres ; aussi le bétail préfère-t-il les pâturages assainis à ceux qui ne l'ont pas été.

On a remarqué que, si les plantations d'arbres profitent
dans une terre humide de 3 pour 100 par an, elles profitent de
6 pour 100 dans la même terre une fois assainie, et, si le terrain se trouve en même temps drainé et irrigué, l'accroisse-
ment est de 12 pour 100.

Tout terrain qui se fend et durcit outre mesure pendant la
sécheresse témoigne par là qu'il a besoin d'être drainé. Pour
se rendre compte de la nécessité du drainage et en même temps
de la profondeur nécessaire aux rigoles, on fait creuser de
distance en distance des trous carrés assez larges pour qu'on
puisse y travailler, et d'une profondeur de 5 à 6 pieds ; on
remarquera jusqu'à quelle profondeur les côtés des trous laissaient couler de l'eau, et on aura ainsi la profondeur que
doivent atteindre les rigoles.

On s'occupe maintenant, en Angleterre, de l'idée de remplacer les fossés qui bordent les routes par des rigoles cou-

vertes contenant des tuyaux de **2** à **3** pouces de diamètre. Cette opération tiendrait la route sèche et assainirait les champs qui bordent la route sur une largeur d'environ **10** mètres; elle coûterait de **2,400** à **2,675** francs par lieue, suivant le diamètre des tuyaux.

M. Charnock, agriculteur distingué et auteur d'un mémoire sur la culture du comté d'York, que la Société royale d'agriculture a cru digne d'un prix d'environ 800 francs, a lu, à une réunion du club des fermiers d'York, un mémoire sur les immenses avantages résultant de l'assainissement complet des terres humides, dont je pense devoir extraire quelques-unes des citations les plus saillantes.

Combien de milliers d'acres de terre voyons-nous, dit-il, qui, s'ils étaient drainés, au moyen d'une dépense très-modérée, produiraient une augmentation assurée d'au moins 350 litres de Froment par 40 ares (ou 875 litres par hectare). J'ai déjà regretté bien souvent de n'avoir pas le capital nécessaire pour entreprendre à mes risques et périls l'assainissement de beaucoup de terres, ce que j'eusse fait d'une manière durable en ne demandant pour payement de mes avances que le produit supplémentaire amené par le drainage pendant les deux premières récoltes, et je suis certain que, malgré les embarras et inconvénients qui seraient la suite d'un pareil arrangement, j'y trouverais de grands avantages.

Pour faire ressortir le mérite attribué généralement à cette amélioration importante, M. Charnock dit qu'une seule manufacture d'instruments aratoires, celle de M. Bradley, de Wakefield, avait, pendant les trois années qui viennent de s'écouler, fabriqué et vendu environ cent quarante machines à faire des tuyaux pour l'assainissement des terres.

Rien n'est plus certain que l'amélioration produite par le drainage sur la santé publique; toutes les fois qu'il est devenu assez général dans un canton, les fièvres intermittentes en disparaissent et les autres maladies y deviennent plus rares; le bétail en profite au moins autant; on voit disparaître ou au moins diminuer la pourriture des moutons. Un autre avantage remarquable du draining est la quantité d'ouvrage qu'il donne aux bras inoccupés.

M. Charnock recommande l'emploi des colliers ou manchons qui réunissent les bouts des petits tuyaux, ou bien celui de tuyaux ayant un diamètre de 1 pouce 1/4 à 1 pouce 1/2 anglais.

M. Garreau m'a dit qu'il a drainé déjà 5 à 6 hectares de terres argileuses contenant des pierres meulières et des cailloux : on était obligé d'employer le pic ; on remplissait les drains d'abord avec des pierres plates sur champ, puis on les couvrait avec de petites pierres et enfin de la litière. Dans le commencement, cela lui revenait à 800 fr. par hectare, ou à 1 fr. par mètre ; ses ouvriers faisaient alors des fossés au lieu de rigoles. Même à ce prix, m'a-t-il dit, je crois avoir fait une bonne affaire. Ses terres étaient excessivement humides, et, quoique labourées en planches étroites, elles donnaient de pauvres récoltes ; aujourd'hui, labourées à plat, sans aucune raie d'écoulement, elles sont fort saines, les Froments y sont fort beaux. Les rigoles couvertes sont profondes de 1 mètre et espacées de 12 mètres ; il va les mettre à 10 mètres. Ses derniers drainages lui sont revenus à 400 fr. par hectare.

M. Thackeray lui a prêté sa machine, sur les cylindres de laquelle il a fait établir deux rainures qui facilitent un peu la marche de l'argile, mais pas assez, cependant, pour qu'il ne soit pas nécessaire qu'un homme s'occupe à pousser l'argile entre les deux cylindres. M. Garreau pense que cette machine pourra, au moyen de deux hommes vigoureux et de trois garçons, fabriquer de deux à trois mille tuyaux de 1 pouce par jour. L'homme qui est à la manivelle est obligé de faire un travail au-dessus de ses forces pour pouvoir continuer pendant plus d'une heure de suite ce pénible ouvrage ; il est nécessaire qu'il se fasse remplacer par l'homme qui fait avancer l'argile.

Le gouvernement belge a adopté le conseil que j'avais donné à plusieurs grands cultivateurs de ce pays lorsque je le parcourus la dernière fois ; c'était de se procurer la petite machine de Sanders et de Taylor, de Bedford, et celle plus grande de Whitehead. L'une coûte 300 fr. et l'autre 575 fr., prix auxquels il faut ajouter celui des moules, du port et des droits d'entrée.

— Un draineur vient d'imaginer une nouvelle bêche formée comme un V, et dont le fer a 0^m,50 de longueur : dans le premier modèle, les côtés du V ont environ 0^m,10 et le manche 0^m,75 ; dans un second, le fer est long de 0^m,55 sur une largeur de 0^m,08, et le manche est long de 1^m,18. Enfin le troisième modèle a un fer de 0^m,60 sur 0^m,06, et un manche de 1^m,40 de long. Avec ces trois bêches, on peut former, dans une terre argileuse ou consistante, sans pierres, des rigoles d'une profondeur de 1^m,20 à 1^m,55, sur une largeur de 0^m,12 à l'ouverture et de 0^m,07 dans le fond. Pour se servir de ces outils, il faut peu de force, mais un peu d'adresse. Les rigoles sont creusées successivement avec ces trois bêches de différentes longueurs et à l'aide d'un *scop,* espèce de pioche étroite et creuse avec laquelle on retire la terre tombée au fond de la rigole ; cette rigole reste fort étroite, et il n'en sort qu'une très-petite quantité de terre, ce qui diminue les frais de main-d'œuvre.

— M. Vandercolm, négociant, à Dunkerque, a fait venir d'Écosse, en 1850, des ouvriers sachant drainer et qui ont apporté des tuyaux avec eux; ces tuyaux lui sont revenus à 65 fr. le mille, tandis qu'aujourd'hui il les paye 18 fr. pris à Boulogne ; une autre fabrique s'est aussi établie à Watten, département du Nord. Son premier drainage fut fait dans la moitié d'une pièce de terre qui fut semée en entier en Froment; la partie drainée lui a donné 35 pour 100 de plus que celle qui n'avait pas subi cette amélioration. Dans un jardin dont une partie avait été drainée, il a récolté de fort beaux fruits sur des arbres plantés depuis vingt ans et qui n'avaient, jusqu'alors, presque rien produit. Des Pommes de terre ont produit dans une partie de champ drainée 40 pour 100 de plus que dans celle non drainée. M. Vandercolm a fait drainer 34 hectares de terres et un jardin de 1 hectare. Après le drainage il a fait passer la charrue à sous-sol, puis il a fait donner des labours profonds avec des charrues venues d'É-cosse, d'où il a fait venir deux jeunes gens auxquels il a fait les avances nécessaires pour monter une ferme.

Voici la dépense que lui a occasionnée le drainage dans des terres très-argileuses et excessivement humides. Les rigoles sont placées à 8 mètres de distance, ce qui fait, par hectare, 1,200 mètres de rigoles, qui ont coûté, pour les creuser et les boucher, à raison de 7 centimes 1/2 par mètre. . **90 fr.**

4,000 tuyaux à 18 fr. **72**

Transports pour ces tuyaux et frais divers. **40**

TOTAL. . . . . . <u>202</u>

— Le gouvernement prussien a donné à ses principales sociétés d'agriculture des machines à faire les tuyaux de drai-nage; il leur a également envoyé des personnes auxquelles il a fait apprendre la manière de drainer. M. Leclerq, ingénieur belge, qui avait été appelé, il y a deux ans, par M. le baron de Rothtschild pour faire des essais de drainage à sa ferme de Ferrières, vient d'être appelé, en 1852, à Kœnigsberg pour y diriger des drainages. En 1851 le même gouvernement avait envoyé en Angleterre M. de Lucke, ingénieur, pour y ap-prendre l'assainissement complet des terres; il a déjà drainé des terres près de Berlin, et s'occupe, dans ce moment, d'as-sainir la terre du baron de Brünneck, nommée *Bellschwitz*, dans les environs de Kœnigsberg.

— M. Fowler a inventé une machine, ou charrue, avec la-quelle on place des tuyaux jusqu'à 1^m,25 sous terre sans ou-vrir de rigoles, pourvu que la terre ne contienne pas de pierres et qu'elle soit d'une nature argileuse ou, du moins, qu'elle ait de la consistance. C'est un cabestan tourné par trois ou quatre chevaux, qui fait avancer la charrue de drainage sous terre; on avait déjà drainé avec elle, à la fin de juin 1852, plus de 400 acres (160 hectares). Un drainage de 40 ares, en laissant 10 mètres de distance entre les drains, mais seulement à 30 pouces de profondeur, est revenu, sans compter les tuyaux, à **17 fr. 50 cent.**, et, pour les tuyaux d'un diamètre de **0ᵐ,045,** dont le mille coûte 18 fr., à **22 fr. 50** cent. ; total de la dépense, comprenant le loyer de la machine et celui des chevaux, **40 fr.**, ou **100 fr.** l'hectare. On a dit que, dans les terres où le sous-sol est argileux, on peut se dispenser d'employer des tuyaux, car le trou formé par la charrue qui refoule l'argile compacte est tellement durable, qu'on est assuré qu'il restera intact pendant quinze ans et même plus ; mais, en ne comptant la durée de ce drainage que pour douze ans, l'économie faite en ne mettant pas de tuyaux, si l'on ajoute l'intérêt, sera plus que suffisante pour payer un nouveau drainage fait avec la charrue-taupe. M. Fowler, l'inventeur, qui demeure à Bristol, se charge de drainer les terres à prix débattu, ou loue sa machine au mois et à l'année ; il a drainé pour M. Hull, à Brentwood, **200** acres, et pour M. Purch, à Docon-Ampney, **100** acres de terre. Cette machine a travaillé pendant tout le temps qu'a duré le concours de la Société royale d'Angleterre dans un champ rapproché du concours, à la satisfaction de tous les assistants. Lord Portman, M. Dukley et d'autres personnes ont fait drainer, avec cet instrument, plus de **800** hectares de terres; les drains étaient espacés de 8 à 10 mètres, et le prix de revient était de **77** à **130 fr.** par hectare.

PRINCIPES D'AGRICULTURE D'APRÈS H. DAVY

TRADUITS

par M. le comte Conrad de Gourcy,

1° Ne soyez jamais satisfait avant que votre sol n'ait été défoncé, par la charrue ou par la bêche, à **1** pied de profondeur; mais si vos terres sont à sous-sol imperméable, et par conséquent humides, commencez par les drainer à **1ᵐ,25** ou **1ᵐ,30** de profondeur, en espaçant les tuyaux de **10** ou **15** mètres.

2° Pour semer avec succès des graines de printemps, il faut le faire le plus tôt possible, à partir du commencement de janvier. Il est bien entendu que ce sera dans une terre naturellement saine ou drainée, et qu'on l'emblavera dans un moment où la terre sera assez sèche pour bien recevoir la semence ; le grain semé le plus tôt viendra le mieux, et sera bien moins sujet à verser.

3° Il faut semer au semoir, ou bien *dibbler*, c'est-à-dire planter grain par grain ; il ne faut pas que les lignes soient plus rapprochées qu'à 1 pied anglais, de manière à pouvoir cultiver facilement à la houe à cheval, et arracher les mauvaises herbes à la main, une fois que la récolte est assez élevée, afin qu'aucune de ces mauvaises plantes ne puisse fleurir et mûrir ensuite, car elles usent fortement le terrain tout en le salissant.

4° On ne doit jamais semer deux récoltes de même espèce successivement ; on doit toujours alterner une céréale avec une légumineuse, ou bien avec une récolte sarclée.

5° Souvenez-vous, en semant, que, si vous employez plus de semence qu'il n'en faut pour bien garnir le terrain de plantes, les plus fortes seront forcées de détruire les autres, et ce combat nuira beaucoup aux survivantes.

6° On ne doit, pour bien faire, fumer que les récoltes sarclées et les fourrages, et cela assez fortement pour que la céréale qui vient l'année suivante trouve toute la fertilité qu'il lui faut pour prospérer, et cependant pas assez pour qu'elle vienne à verser.

7° Si les fermiers achetaient tous leurs engrais, ils verraient que, pour pouvoir cultiver avec succès, c'est-à-dire en donnant à la terre tout l'engrais qui lui est nécessaire pour pouvoir toujours produire des récoltes rémunérantes, ils seraient obligés d'acheter, chaque année, pour 62 fr. 50 c. d'engrais par hectare. Si on soignait convenablement les engrais, si on ne laissait rien perdre de ce qui peut fertiliser la terre, si on ne laissait ni lessiver ou délayer ni fermenter mal à propos le tas de fumier, chaque ferme bien assolée et bien cultivée, ayant tout le bétail qu'un bon assolement lui donnerait la possibilité de bien nourrir à l'étable, et un troupeau suffisant pour pâturer ce qui ne pourrait se faucher et se transporter économiquement à l'étable, cette ferme pourrait faire tout l'engrais qui lui serait nécessaire.

8° Tous les pays qui sont partagés en petits enclos formés avec des haies composées de taillis et de têtards ou arbres futaies perdent, par l'ombre, par les racines et par l'abri que les haies donnent aux oiseaux et autres bêtes nuisibles, plus que la valeur du loyer de la terre. Il faut y ajouter l'inconvénient des tournailles fréquentes, l'usure des harnais par le frottement des branches, la destruction des charrues et herses par la présence des racines, enfin le temps perdu par les laboureurs fainéants qui sont abrités par les haies. Un enclos ne devrait jamais avoir moins de 4 hectares d'étendue dans une grande culture, et les haies devraient toujours être formées par de l'Aubépine ; si la terre était trop mauvaise pour qu'elle y vînt bien, les Acacias triacanthos ou le grand Ajonc fournissent, en trois ou quatre ans, des haies très-défensibles.

NOTES AGRICOLES.

Rutabagas et Navets. — Les semailles de Navets et Rutabagas doivent se faire plus tôt dans les pays froids, tandis qu'on doit les faire plus tard dans les pays chauds qui souffrent fréquemment de la sécheresse. En Écosse on recommande de semer les Rutabagas dans la première quinzaine de mai, et dans le comté d'York ce n'est que vers la troisième semaine de juin que le moment paraît favorable. Dans nos départements de l'intérieur, c'est aussi la fin de juin qui est le moment le plus convenable pour les Rutabagas, comme la fin de juillet et la première quinzaine d'août pour les Navets. On ne peut ordinairement les semer avec succès que par un temps humide, ce qui gêne infiniment les cultivateurs, et les force de semer plus tard qu'ils ne l'eussent voulu. On peut, toutefois, semer même par la plus grande chaleur, à l'aide du semoir à engrais liquides de Chandler ; on donne plus ou moins d'eau, suivant la qualité absorbante du sol. Si l'on n'a point de purin, 35 à 40 hectolitres d'eau, dans laquelle on aura fait dissoudre d'avance 500 kilogrammes de guano en 100 kilogrammes de nitrate de soude, ou bien des cendres de la suie, produiront une fort belle récolte lorsque la terre n'est pas en mauvais état. Si la sécheresse était persistante, et que les jeunes Navets fussent exposés à périr, on fera bien de les arroser une seconde fois avec de l'eau pure, plutôt que de manquer une récolte sarclée, si nécessaire pour faire du fumier. Deux ou trois vieilles tonnes à huile montées sur des roues assez élevées pour qu'on puisse facilement écouler l'eau du tonneau dans le semoir serviront à amener l'eau au champ qu'on ensemence ; un semoir attelé d'un cheval pourra ensemencer 3 hectares par jour.

1 hectare semé en Turneps, qui avait reçu cinquante tonnes de fumier estimées 312 fr., ne produisit pas plus de Navets qu'un autre hectare qui le touchait, et qui n'avait reçu, pour fumure, que 500 kilogrammes de guano, dont le prix était de 125 fr. Un troisième hectare, qui avait reçu moitié fumier et moitié guano, ayant coûté 212 fr., a donné à peu près le même poids de racines. On a nourri et engraissé trois lots de bêtes à cornes, parfaitement égaux, avec ces racines données en égales quantités. On en obtint le résultat suivant : le lot engraissé avec les Navets venus sur fumier pesa 220 livres du poids vivant de plus, et, celui qui eut les Navets venus sur la fumure de moitié guano et moitié fumier pesa 117 livres de plus que le lot nourri avec des racines qui n'avaient reçu que du guano. La valeur de la viande, en sus, était donc bien peu de chose, comparée à l'économie faite sur l'engrais.

On estime, en Écosse, que le poids mort ou celui de la viande nette d'une bête bien grasse est de six dixièmes ou 60 pour 100 du poids vivant ; il en résulte donc que l'hectare de Turneps fumé a produit pour 50 fr. de viande, en sus de celui fumé en guano. Mais le guano ayant coûté

187 fr. de moins que le fumier, il y a 137 fr. de gagnés par la première récolte ; la seconde pourra être à peu près aussi bonne avec le guano, mais la troisième récolte sera, assurément, plus belle après le fumier. Si on fumait avec 250 kilogrammes de guano la deuxième récolte, et la troisième avec une égale quantité de guano, il est certain qu'elles viendraient toutes deux mieux que celles venues après fumier : comme on n'aurait dépensé que 125 fr. pour ces deux demi-fumures, on aurait encore économisé 62 fr.

Vacherie. — Un éleveur, qui demeure dans une maison construite par lord Bristol, à Kemp-Town-Brighton, a fait établir, dans ses étables, de petits réservoirs où l'eau se renouvelle constamment, et à côté desquels sont placés du savon et des essuie-mains : il a habitué ses vachers à se laver les mains chaque fois qu'ils ont trait une vache ; après s'être aperçu que, toutes les fois qu'une vache avait du mal au pis, la personne qui allait traire la vache voisine transmettait ce mal à la bête, il a exigé qu'on se lavât les mains avant de traire une autre vache.

Le mal de pis est devenu très-rare dans ses étables ; il n'a, dit-il, aucune peine à obtenir qu'on exécute ses ordres à cet égard, car les vachers avaient beaucoup de peine à traire les vaches qui souffraient de ce mal, et ils avaient beaucoup de soin à prendre pour les en débarrasser. Maintenant ils sont convaincus que le mal se propagerait sans cette précaution, qui a, de plus, le grand avantage de donner du lait pur, tandis que, lorsqu'on trait les vaches sans leur laver d'abord le pis, il tombe des saletés dans le lait ; et même, lorsque les pis sont lavés, quand il fait chaud, les mains des vachers transpirent lorsqu'ils ont trait plusieurs vaches, et cette sueur peut découler dans le vase qui reçoit le lait.

Australie. — On assure que l'Australie contient maintenant plus de douze millions de brebis ou autres bêtes à laine.

Ces bêtes s'y vendent de 30 à 33 schellings, c'est-à-dire à peu près au même prix qu'en Angleterre. Il faut, pour garder un troupeau de dix-huit cents à deux mille bêtes, un berger qui les surveille et les soigne pendant le jour, et un garde qui le remplace pendant la nuit, pour éviter les maraudeurs indigènes et les chiens sauvages. Les mines d'or font que les propriétaires de troupeaux perdent leurs bergers ; ils ne savent comment ils pourront faire la tonte. Dans ce pays, lorsque la sécheresse a brûlé toutes les pâtures, on est obligé de cueillir les feuilles des arbres pour nourrir les troupeaux.

Machine à semer. — Le capitaine prussien Kamncerer vient de présenter au prince Albert un semoir qui a été essayé sur les fermes du parc de Windsor avec le plus grand succès : on peut s'en servir pour semer toute espèce de graines soit en lignes, soit à la volée ; on peut, à volonté, rapprocher ou éloigner les lignes, et même espacer plus ou moins les graines dans chaque ligne. L'instrument est très-léger et fort simple ; il ne pèse que 125 kilogrammes : un jeune garçon suffit pour le diriger. Le petit modèle, n'ayant que 66 centimètres de large, coûte 125 fr.; le semoir de 2 mètres de large coûte 375 fr. : il en établit des modèles entre ces deux grandeurs. Ce semoir peut semer en ouvrage courant 8 hectares par jour et n'emploie qu'un homme.

Machine à vapeur. — On pense, en Écosse, qu'une machine à vapeur peut être employée avec avantage, même dans des fermes n'ayant que 50 ou 60 hectares.

Une machine de la force de quatre chevaux coûte 1.300 fr.: une de six chevaux, 2,000 fr.

Une machine à battre bien établie, avec ses accessoires indispensables, coûtera aussi de 1,500 à 2,000 fr., et elle sera payée avec bénéfice, par son travail, pendant un bail de dix-neuf ans, même dans une ferme de 50 hectares. N'est pas compris, dans les sommes ci-dessus mentionnées, l'argent destiné aux constructions exigées pour l'établissement d'une machine à battre allant par la vapeur : elles s'établissent ordinairement dans la grange, mais il faut y monter des murs de refend, des planchers et une cheminée en briques, objets qui regardent le propriétaire de la ferme.

PARIS. — IMPRIMERIE DE Mᵐᵉ Vᵉ BOUCHARD-HUZARD, RUE DE L'ÉPERON, 5.

www.ingramcontent.com/pod-product-compliance
Lightning Source LLC
Chambersburg PA
CBHW050617210326
41521CB00008B/1285